身近な鳥のすごい巣

鈴木まもる

イースト新書Q

Q090

はじめに

多くの人が、「鳥の巣」というと鳥の家だと思っているがそうではない。卵を産むときにつくり、ヒナが巣立つと、もう二度と使わない。通常、雨や風などで崩壊してしまう。「我が家のツバメは毎年同じ巣を使う」という人がいるが、あの土の部分は家の基礎のようなもので、毎年あの中に枯草や羽毛などを入れて新たに巣をつくっている。だからツバメも毎回つくっているのと変わらない。

鳥の巣は、一番大切な卵とヒナが襲われないよう、発見されにくい場所につくると同時に、暑さや寒さから小さな生命を守るという任務を課せられた、鳥にとってなくてはならない重要なものだ。

しかし、過去の書物をひも解いて見ても、その重要性、かつ面白さを表記したものはほとんどないといっても過言ではない。したがって、世界中の人が鳥や鳥の巣という言葉は知っていても、本当の鳥の巣を知る人はほとんどいないというのが実情だ。

試しに読者の中でメジロやウグイスの巣をパッと頭に思い描ける方がどれだけいるだろうか？　さらに、メジロがクモの巣から糸を取って巣をつくっていること、ウグイスがササの葉で屋根のある球体の巣をつくっていることを知っている人はほぼいないのではないだろうか。（「そういえば知らないなあ」と思われた方は、この本を最後まで読むことをお勧めする。）

鳥の巣を知ることは、鳥やヒナのことを知るだけでなく、その鳥の住む環境を知ること、周囲の生物との関係、さらに人が生きるうえで欠かすことができない家や服など、人の暮らしとの関係を知ることにもつながるだけでなく、人がなぜ生きるのか、本能とはなんなのかという哲学的なことまで教えてくれるものなのだ。

恐竜が鳥へ進化したこと、恐竜が絶滅し、鳥が今の世界に生きていることなど、今までの科学では解明できていなかった謎も、鳥の巣から知ることができるだけでなく、現在の人間社会と、未来を新たな見地で見なおすことにもつながることなのだ。

よく「鳥が先か、卵が先か」といわれるが、鳥の巣が先なのである。

親にも学校の先生にも教わることなく本能の力でつくる鳥の巣。その生成の秘密を知ることは、人も持っているであろう本能の力を再発見することにもつながることだ。

本書から読者の方が、鳥や自然の新たな不思議を感じたり、それぞれの生き方を再発見し、この混迷した世界に対応して生き抜くことの力になったりしてくれれば本望である。

● 目次

三章 木につくる　すごい巣

四章 穴の中や隙間につくる　すごい巣

五章 やぶの中や地上につくる　すごい巣

六章　水辺につくる　すごい巣

番外編　海外の鳥のすごい巣

一章

鳥の巣とはなにか？

一　なぜ、鳥は「鳥の巣」をつくるようになったのか？

化石から、一億数千年前のジュラ紀前半には恐竜ばかりで、鳥は生存していなかったことがわかっている。では、なぜ鳥が出現するようになったかというと、次のようなことが起こったのだ。

この時代は当然、弱肉強食の世界。大型肉食恐竜に食べられないよう暮らしていた小型の恐竜たち。卵を産むときは一度に産むため転がっていかないよう、少し地面をひっかいてくぼみをつくり、その中に卵を産んだ。これが恐竜の巣だ。自分自身も食べられないようにするが、大切な卵はなおさらである。卵の黄身の部分は栄養豊かだ。生まれた赤ちゃん恐竜だって柔らかくておいしかったろう。他の生物に見つかると食べられてしまう。

どんな生物も卵とヒナを守ろうと、転がらないよう、見つからないよう、身近で安全な場所に卵をまとめて産む。そして外敵が近づくと威嚇して卵を守るわけだ。

しかし、十メートル以上もある肉食恐竜が襲ってきたら、三十センチくらいの小型恐竜では身体的脆弱さは明らかである。無駄な戦いはせず、大きな恐竜が来ないような地上や水辺の茂みの中、高い木の上に卵を産む場所を求めるようになったのだ。

そんな場所に巣をつくるようになっていた小型恐竜の中で、坂を飛び降りたり駆け上がったり、水面から蒸発によって発生する空気の流れや風を利用して跳び上がったり、高い木の上で上昇気流に乗り滑空するものが出現した。

そして骨が融合したり、骨の構造が空洞化し軽量になったり、飛翔筋という筋肉が発達し羽ばたく力をつけていったりしたものが「鳥」になって空を飛べるようになっていったのである。そんな鳥がつくる巣だから鳥の巣なのだ。

ちなみに、恐竜が鳥になった証拠としてよく出てくる「始祖鳥」は、羽ばたく筋肉を支える竜骨突起がないため、羽ばたけず滑空していただけのようである。

鳥が飛べるようになった過程には三つの説がある。やぶの中を飛び降りたり、駆け上がったりしていくうちに、飛ぶようになったとする説を「翼アシスト傾斜走行説」。走りながら羽ばたいて飛ぶようになったとする説を「地上走行説」。（これは実際には水鳥が多いので、「水上走行説」であると筆者は考えている。）木の上から、飛び降り滑空していく中で羽ばたく力をつけて飛ぶようになったとする説を「樹上滑空説」という。

しかし、現在の恐竜学会や鳥類学会では「やぶなどに住まない鳥もいる……」「地上を速く走るには大きな筋肉が必要で、重くなり飛べるわけがない、ダチョウを見れば明らかだ。」「なぜ地上生活している恐竜が木から飛び降りなければいけないのか？」といったように、どの方法で飛ぶようになったのかについて、百年以上もの論争が続いている。これはそれぞれの専門家たちが鳥の巣を知らないからではないだろうか。鳥の巣を知れば3つのどれかではなく、羽ばたけるように進化したものが、「翼アシスト傾斜走行説」からはじまり、巣の場所に応じて「地上走行説」「樹上滑空説」と環境に適応していったことは明白なのだ。

要は、大切な卵とヒナを安全に育てる空間をつくっていった結果が鳥の巣なのである。

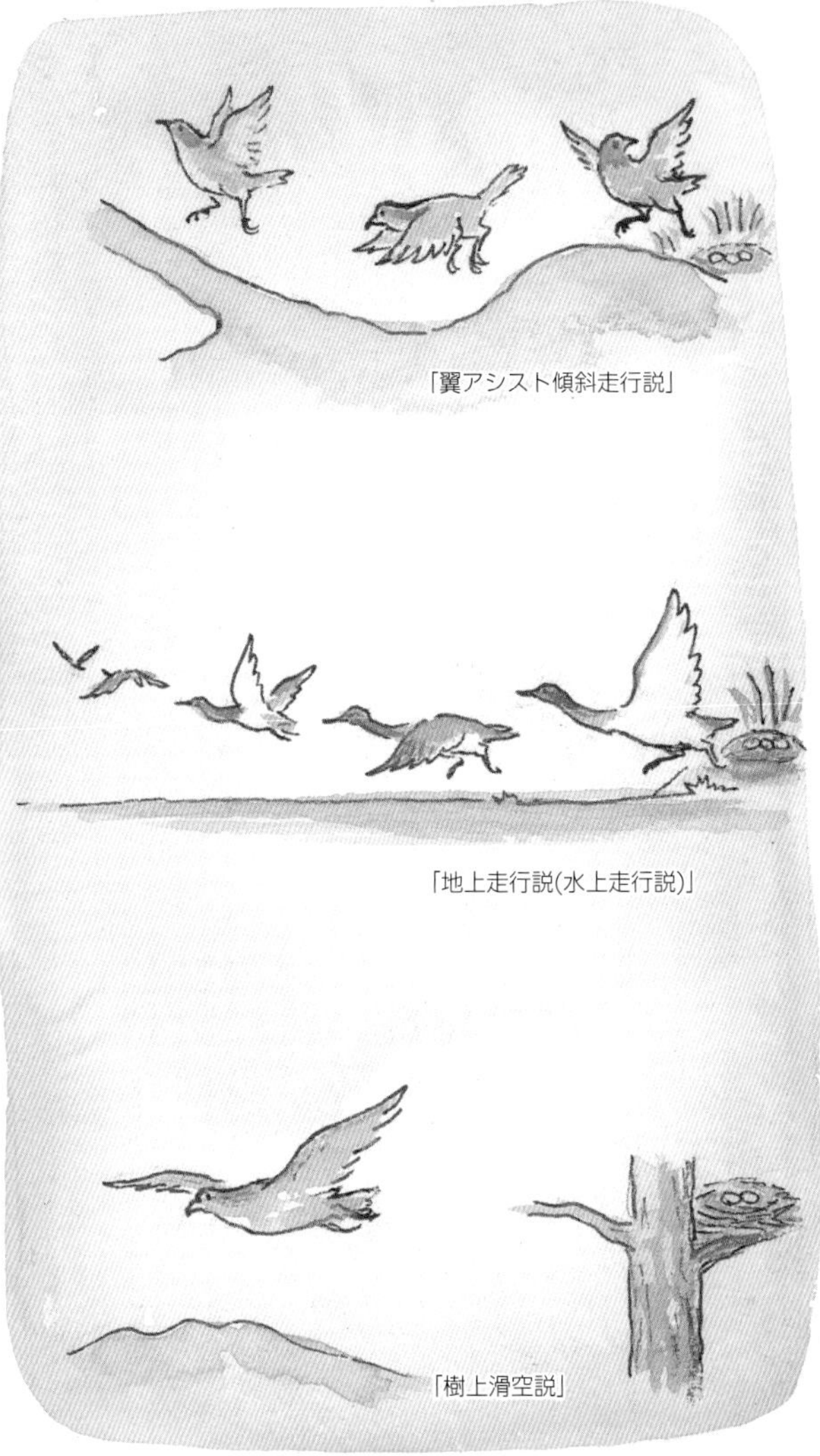
「翼アシスト傾斜走行説」
「地上走行説(水上走行説)」
「樹上滑空説」

二　どうやって鳥は「鳥の巣」をつくるのか？

それぞれの鳥が、巣づくり、交尾、産卵、子育て、巣立ちなど一連の行動をすることが本能として組み込まれている。したがって巣づくりも親に教わるわけでなく、本能的行動の一つとしてある。

鳥は自分が回りながら自分の周りに集めた巣材を積み上げ、丸い鳥の巣をつくる。鳥がなぜ丸い巣をつくるかというと、先に少し述べたが、卵が転がっていかないよう、ヒナが見つからず、襲われたりしないよう、暑さ寒さから小さな生命を守るよう、周囲に気を配り、回りながら巣材を集めた結果なのだ。

一方、人は何かを入れるために、粘土をひものようにして丸く積んで、回しながら形を整え、碗型の入れものをつくる。それをより効率的につくれるよう「ろくろ」を回し、外側から手で成形し、碗型の入れものをつくるようになった。外側から成形するか、内側から成形するかの違いはあるが、回りながら材料を積み上げ成形するのは同じなので、結果的に丸い形ができるわけだ。

鳥の場合は最初から「こういう形をつくろう」と意識してつくっているのではなく、生命を守ろうと巣材を集めていった結果が鳥の巣という形になる。それぞれの鳥により生態や住む環境、外敵の有無などの違いで、何をどのくらい集めたら安心するかの「安心感」が異なってくる。つくる場所や回り方、巣材の量によって、皿型だけでなく、椀型、球体、出入り口が筒状の下向きのフラスコのようなものや、かやぶき屋根の家のようなもの、偽の入り口のあるものなど、様々な形の鳥の巣ができるわけだ。

材質も、枯葉や枝だけでなく、断熱材として自分の羽を使う鳥もいれば他の鳥の羽を使う鳥、羊などの動物の毛、綿の花、枯草と土を混ぜ固める鳥など、住む環境にあるものを有効に利用して様々な巣をつくっているのである。

そして、それぞれが繁殖する際に適した安心できる場を求めて、ツバメのように何千キロも旅をして日本まで飛んできて巣づくりをする鳥もいるわけだ。

本能でつくる鳥の巣を知ることは、同じ生命体として自らが、どこでどう生きるかを知ることにもつながる大切なことなのだ。

三　なぜ「鳥の巣」は今まで人に知られていなかったのか？

人間の歴史の中で、なぜ鳥の巣がほとんど知られていなかったのか、疑問を持たれた方もいると思うので、筆者の体験も交えつつ、その議題について少し触れていきたい。

古今東西、鳥類を専門に研究されている学者は数多くいる。いわゆる「鳥類学者」の方々である。例えばメジロを研究されている学者はメジロの巣についてもちろん知っている。そして、スズメを研究されている方はスズメの巣を知っている……という風に、それぞれの鳥の巣については当然よく知っている。

しかし、ここに落とし穴というか、方向性の違いがあり、世の中に鳥の巣が知られないまま今に至ることになった要因がひそんでいたのだ。

まず、鳥類学者の方は、それぞれ研究されている鳥の巣を、卵がいくつ産まれているか？　テリトリーにいくつ巣をつくったか？　十年前と巣の数が増えているか、減っているか？　という観点で見る。要するに数を数えるという国勢調査的な見方だ。これは当然でもあるし、とても大事であることは誰も異論はないだろう。もちろん筆者も大事なことだと考える。

一方、筆者は、鳥類学者ではなく東京藝術大学を4年次に中退し、絵本作家で画家として山の中で暮らしていた。そんな人間が、ある日、山の中で偶然鳥の巣を見つけたことが、鳥の巣の秘密の世界に迷い込むことにつながるとは本人もゆめゆめ思っていない運命の出会いであった。そう、絵描きであり造形家として生きてきたため、巣の数を数えるより美しい造形のほうに興味を持ったのだ。

今も覚えているが、筆者が偶然鳥の巣を見つけた時に何を感じたかというと「なんて美しくかわいい立体だろう、一体どうやって枯草でこんな椀型がつくれるのだろう。何羽のヒナがここで育ち巣立っていったのだろう」ということだったのだ。

最後のヒナの部分は鳥類学者の見方と通じるが、その前の二つは従来の学者の見方とは視点がまったく異なる。これは当然といえば当然で、どちらが正しいということではない。彫刻や工芸品などの芸術作品と同じように造形的な部分に着眼したため、どうやってつくるのか？　なぜ色々な形や素材があるのか？　画廊に展示したらどうだろう、ということまで感じてしまったのだ。単に感じ方の違いなだけなのである。要するに造形的な視点か、統計学的な視点かという研究の方向性の違いだ。

鳥類学者の側としては、鳥の巣の造形性など研究対象ではないので、海外にまで鳥の巣を探しに行く方はいなかったのだ。だから世界の鳥の巣を総体的に扱った本がなかったということなのだ。そして一般の方はというと、巣自体が見つかりづらい場所につくられ、巣立ったあとはすぐ壊れてしまうため、そもそも見る機会に恵まれない。加えて、ボサボサの頭を「鳥の巣頭」と表現されることがあったり、フンで汚れるなど不潔なイメージが定着したりしていて、あまり見向きもされなかったのではないだろうか。

誤解を招かないようにいっておくが、筆者は鳥類学者の方々と争っているわけではない。鳥の巣を研究するにあたって、鳥類学者の方々にそれぞれの鳥のことを教わりに行ったり、不要な巣があればいただきに行ったりもする。さらに学者の方々から「鳥の巣を広めることは鳥や自然を知るために大切なことだから、どんどんやりなさい」といった言葉をいただいているから、今回この本を書くことにもつながっているわけだ。

ではいよいよ、具体的に身近な鳥の巣から話を進めていこうと思う。

二章

家につくる　すごい巣

スズメ

学名 *Passer montanus*

英名 *Tree Sparrow*

分類 スズメ目スズメ科スズメ属

全長 約14cm

巣の場所 人家の屋根・壁の隙間・巣箱など

巣の材料 枯草・ツタ・羽・紙。産座《さんざ》には細かい植物繊維や羽毛を入れる

特徴 年間を通じてほぼ日本全土に住み、季節による移動をしない留鳥《りゅうちょう》。人の暮らしのそばに生息する。主にイネ科タデ科などの種子を好み、小型の虫やクモなども食べる。

実物大の卵

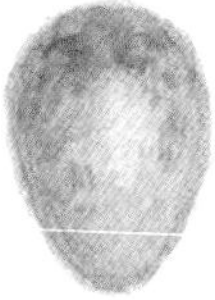

※長径約20mm×短径約14mm（個体差アリ）

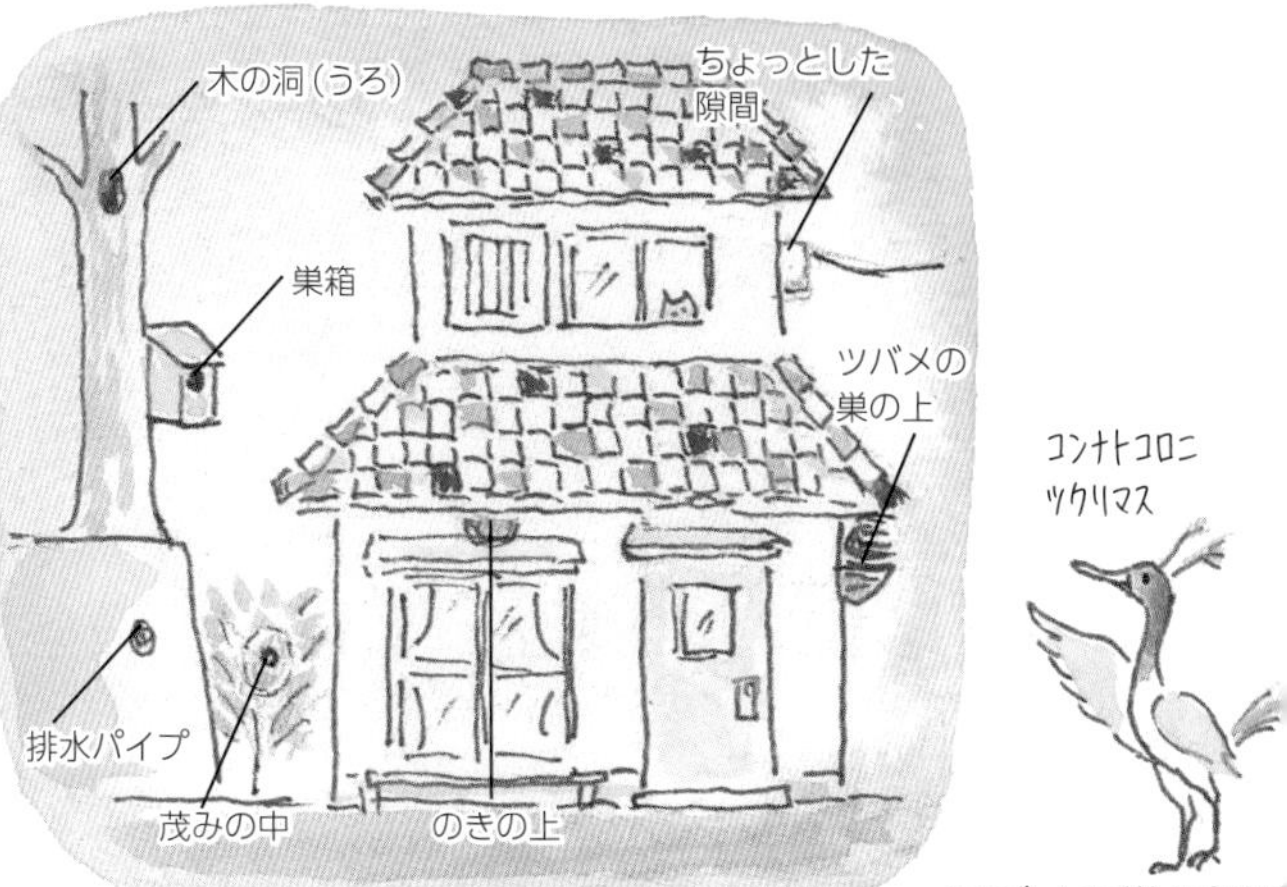

スズメの巣の場所

意外と身近にあるスズメの巣

読者の方々でスズメを知らない人はおそらくいないだろう。しかし、スズメの巣がどんな場所にあり、どんな形かを知っている人は少ないのではないだろうか。

スズメの巣は上の図のような、人が建てた家の屋根瓦の隙間だとか、ひさしの下などの空間に、枯草や紙、羽などを集めた巣をつくる。

したがって、その空間の形により巣の形もかわってくるため、いわゆる「椀型」はしていない。巣箱の中につくると箱型に、水抜きパイプの中だと、平たいお皿のような形になってしまうこともある。では、なぜ人の家

に巣をつくるようになったのか？　それには深い深いわけがあるのだ。

スズメの巣の長い歴史

時代は南アフリカやナミビアなどの砂漠地帯の石器時代にまでさかのぼる。一口にスズメの巣といっても、その巣について読み解こうとすると、このようにワールドワイドな世界になってしまうのが、鳥の巣の奥深さなのだ。さて、話を戻そう。

そんな砂漠地帯にはハタオリドリ科のシャカイハタオリという小鳥が住んでいる。全長は十四センチとスズメくらいの大きさで、色や模様も似ている。

シャカイハタオリの実際の巣の写真（南アフリカ）

ところが、体は小さくても巣は大きく、世界の巨大な鳥の巣ベスト2の一つといわれている。（ちなみに、もう一つはオーストラリアやニューギニアの密林に住むツカツクリという鳥の巣で、直径八メートル、高さ二メートルの山のような巣をつくる。）上の実物の写真をご覧いただきたい。巣の前にいるのが若いころの筆者であるから、全長十メートル、幅七メートル、厚さ三メートルくらいはあったかと思う。なぜ、そんな大きな巣になるのかというと、砂漠地帯という環境が大きく関わっている。

砂漠地帯の日中気温は四十度以上になるが、夜間はマイナス十度以下になってしまう。そのように寒暖差が激しい環境のため、通常の

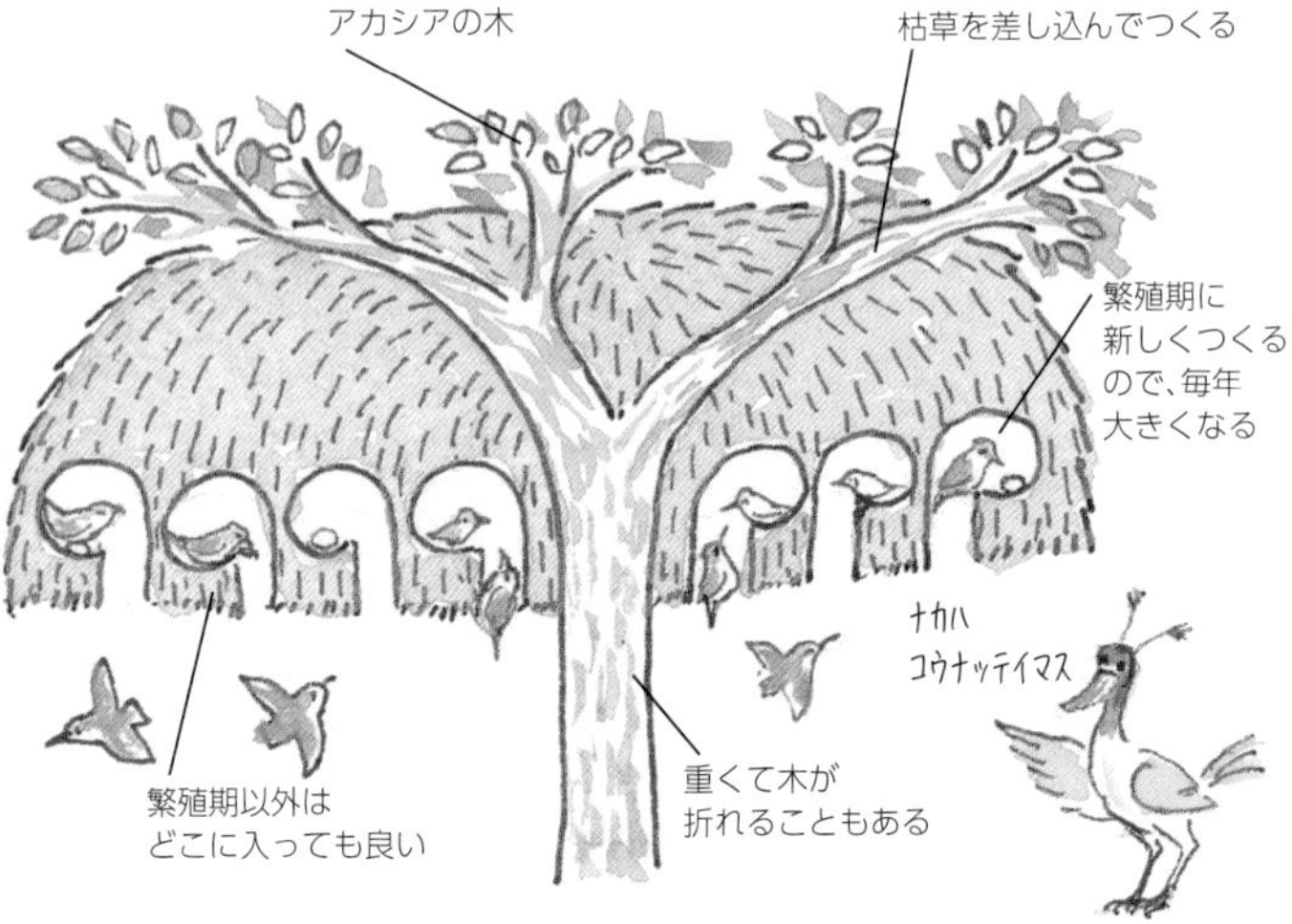
アカシアの木
枯草を差し込んでつくる
繁殖期に
新しくつくる
ので、毎年
大きくなる
ナカハ
コウナッテイマス
重くて木が
折れることもある
繁殖期以外は
どこに入っても良い

シャカイハタオリの巣の断面図

鳥は生きていくことができない。

しかし、シャカイハタオリはこの巣をつくることでこんな厳しい環境でも生きられるようになったのだ。実はこの巣は一羽の鳥の巣ではなく、数百羽の鳥が集団で暮らすマンションのような鳥の巣なのである。断面図でわかるように、それぞれの部屋は個室になっていて下側が入り口になっている。

この巣で重要なのは壁で、枯草を差し込んで形を維持させており、ものすごい数の枯草の集合体のため、壁が厚く断熱効果が高いのだ。外が日中四十度以上の時や夜のマイナス十度の時も巣の中は常に二十六度に維持される。これはNHKの「ダーウィンが来た！」の番組制作で現地に行き、実際に温度を測っているから、嘘ではない。

最初に鳥の巣はヒナが巣立つともう二度と使わないといったが、この鳥は例外で、この巣に一年中暮らしている。日中暑いときは、巣の中や下の木陰で休み、夜寒くなると、巣の中に入るので消耗が少なく生きていけるのだ。毎年繁殖期に新しく巣を増築していくので、年々大きくなり、数十年かかってこのような巣になっていくわけだ。

そして、このシャカイハタオリの巣を見るとわかるように、人がつくるかやぶき屋根と形も構造も同じだ。

数百万年前、人は洞窟を住居として暮らしていた。食料を得ようと出かけた時、灼熱の地で木陰を求め一休みしたのがこの巣の下だったのだ。そこは涼しく快適で、上を見ると鳥が枯草を集めて巣づくりしている。「自分たちもやってみよう」と、草を集め、家をつくるようになったのが人の家の始まりといわれている。かくして洞窟のないところでも人は暮らせるようになり、人類発祥の地アフリカから世界中へと、人類は広がっていったのだ。

こうして、枯草を集めた家から始まり、農耕文化を発達させながら、木や土、石などを使ってより快適な空間をつくろうと建築技術を向上させ、現代の人間社会へとつながっていく。

ハイガシラスズメ
ヒナのした
フンを捨てる
オスとメスでヒナの世話をする

それに相伴って砂漠から農耕地へと生活圏を移動させたのが、ハタオリドリ科に近いスズメ科の仲間の鳥といわれている。スズメの祖先は、現在アフリカ中部から南部に分布する、ハイガシラスズメに近いものだと考えられている。

ハイガシラスズメは、枝の分かれ目や木の洞《うろ》、穴の中に枯草を集めた巣をつくる。稲や麦など農耕文化の広がりに伴い、容易に食料を得られることから、人の移動と共に、地中海地域に進出し、氷河期のあと生息域を広げ、色々なスズメへと分かれていったのだ。

こうして人は鳥に家づくりを教えられ世界に広がり、スズメ科の鳥は、人がつくる家と農耕文化を利用し、生息域を広げていき、日本のスズメは、かやぶき屋根の隙間を安全な場所と感じ、巣をつくるようになった。そして、かやぶきの家から瓦屋根になっても、天敵の来ない安全な場所として、人の家の隙間に巣をつくっているのだ。しかし、最近の家は瓦も壁も密閉性が高く、隙間がなくなってきているため、巣づくりの場所が減ってきている。加えて、都会はヒナのエサとなる虫も減ってきているため、スズメの数は徐々に減少している。スズメの巣が、長い人類の生活史と密接につながっていることや、減少している理由もご理解いただけただろうか。

スズメのテリトリー争い

最近は家に隙間がないせいか、水抜きパイプの中にあったスズメの巣を採取したことがある。パイプの中に平たい巣が三つ重なっていて、なんとも狭い巣で哀れであった。かわいい身近な鳥としてのイメージの強いスズメだが、巣箱の中のシジュウカラのヒナを追い出したり、ツバメの巣の上にワラを載せて巣を乗っ取ったり、中にはスズメバチの古巣を利用したりするものもある。小鳥の世界といえども、かわいいだけでは生きていけない熾烈なテリトリー争いのある世界なのだ。

ツバメ

学名 *Hirundo rustica*

英名 *House Swallow*

分類 スズメ目ツバメ科ツバメ属

全長 約17cm

巣の場所 人家の壁面など

巣の材料 土·枯草·羽·紙。産座には羽毛を入れる

特徴 秋から冬にかけて台湾やフィリピン、マレー半島で越冬し、春になり日本全土に飛来する夏鳥。飛びながら飛翔するハチやハエ、アブなど昆虫を食べる。

実物大の卵

※長径約19mm×短径約12mm（個体差アリ）

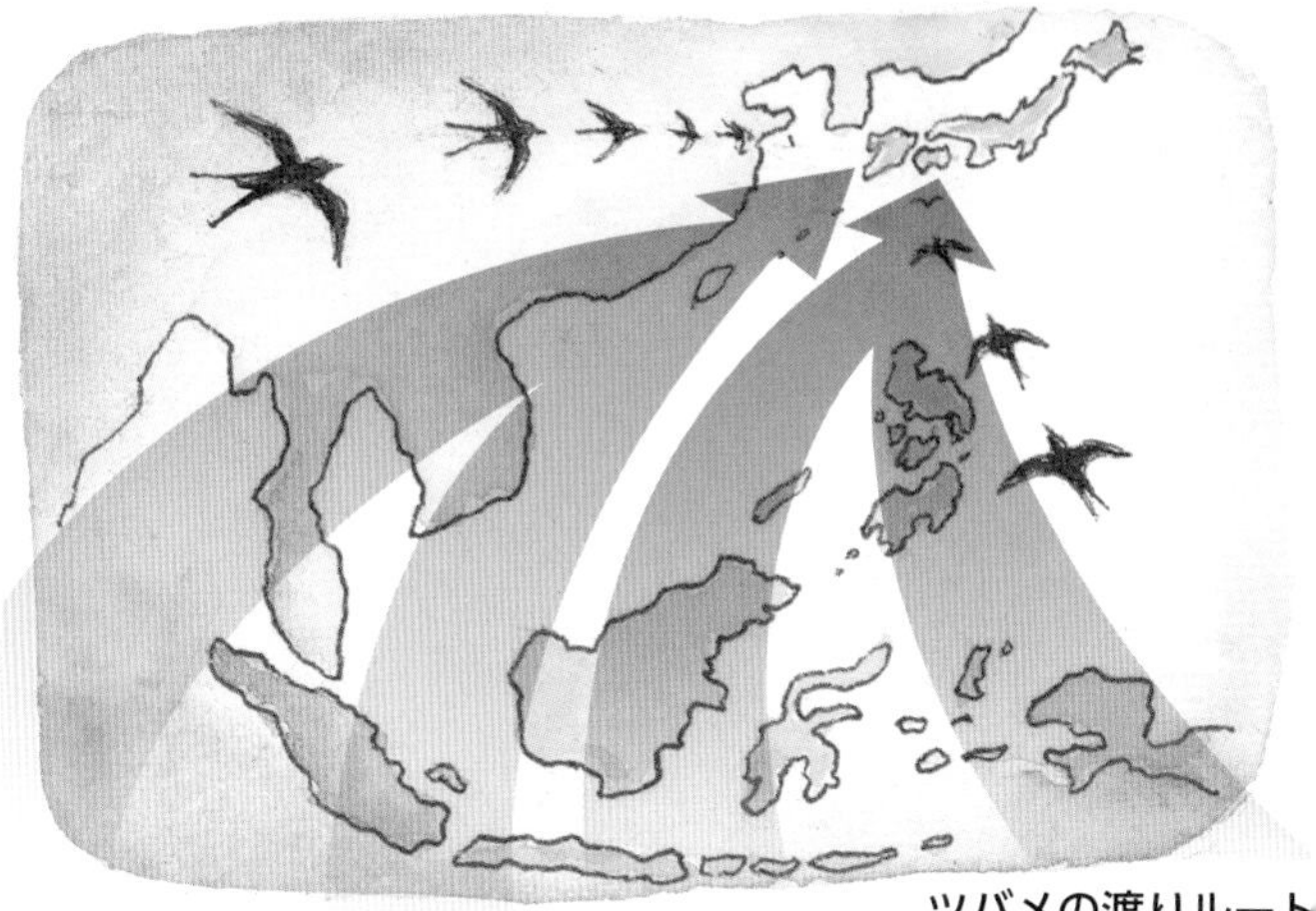

ツバメの渡りルート

はるか五千キロの彼方から

ツバメの巣は、他の鳥の巣と違い、人によく見られる場所につくられるため、見たことのある人は多いのではないのだろうか。しかし、この巣もスズメと同様に驚きと不思議がたくさん詰まっているのである。

春になると毎年巣づくりするツバメ。いわゆる「渡り鳥」であり、冬は暖かい南の国へ行き、春になると日本に来るということは多くの方が知っていることだろう。しかし、数世紀前までは、冬になり鳥がいなくなるのは、「地下に潜っているのだ」とか、「小鳥は大きな鳥の背中に乗って海を渡ってくるのだ」とまことしやかに考えられていたくらい、「渡

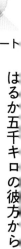

り」というのは神秘的な行動なのだ。

では、ツバメがどこから来るか読者の方は知っているだろうか？　四千〜五千キロも離れた、東南アジアからやってきて、繁殖後にまた東南アジアにもどり、翌年生きていれば、同じ場所に戻ってくるといわれている。

四千〜五千キロと書くのは簡単だが、地図やカーナビも見ず、マレーシアやシンガポールがどっちにあるかわかる人はいるだろうか？　ましてそのような長い距離を歩いていける人間はいないだろう。

なぜこのように鳥は方角がわかるかというと、多くの鳥類学者の方の研究で、太陽や星の位置、地軸との関係が体の中でわかっていたり、見た風景を記憶したりして、渡りの時期になると、その目的の方角へ飛び立つようになっているということだ。

ちなみに、アジア以外にもツバメは生息する。南アフリカに住むツバメは、ヨーロッパにまで飛んでいく。その距離なんと一万キロ！　それも毎年ということで、ツバメの本能のすごさに、ただただ唖然としてしまう。

ツバメが巣をつくると、その家は繁盛する？

人がつくった建物を利用して巣をつくるツバメ。そもそも、なぜ人の家に巣をつくるのかというと、スズメと同じように、そこに至る長い歴史がある。今回も簡単に触れておこう。

全世界にツバメ科の鳥は八十三種類いるといわれている。もともとは崖や洞穴のような壁面のちょっとした段差に巣をつくっていたのだが、巣をより安定させようと、土を周囲に補充するようになっていった。そして人が家を建てるようになり、同じような壁面であり、人が守ってくれるという安全性から人の

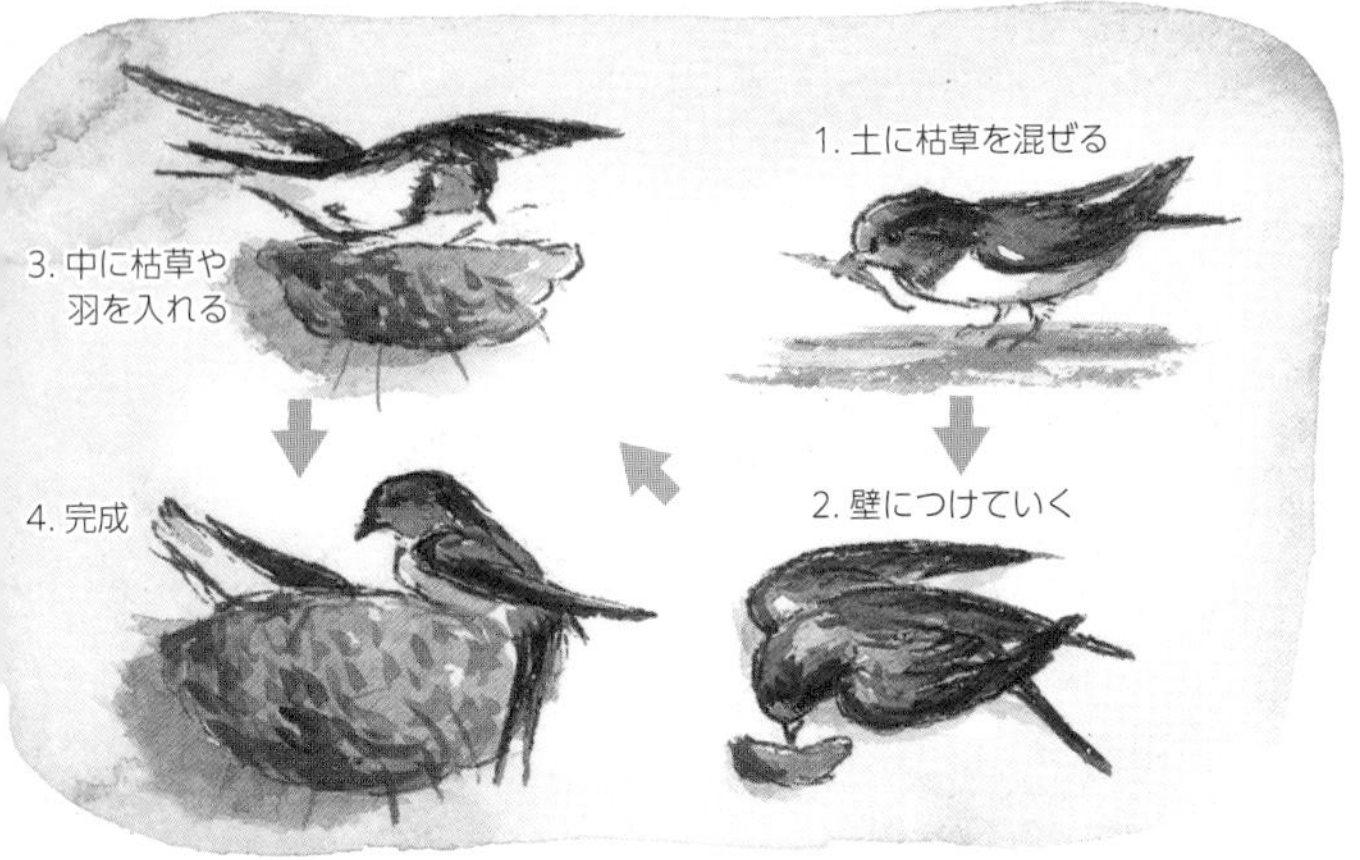

ツバメの巣づくり

家に巣をつくるようになっていったのだ。

よく「ツバメが巣をつくると、その家は繁盛する」というが、そうではなく人の出入りが多い家に巣をつくるのだ。筆者のように、山の中に家族二人でこもって生活しているような家には来てくれないのである。

巣づくりは、オスとメスの共同作業

ツバメの場合、オスが場所を決め、オスメスそれぞれで土を運び、壁につけていく。土は水分を含んで柔らかいため、一気につくるのではなく、崩れないよう半日つくったら乾かし、また翌日追加してと、しっかり固めながら積み上げていく。ただ、土だけだと乾いてボロボロに崩れてしまうことが多いため、枯草を混ぜ込んで崩れにくくしている。

巣の土の粒の一粒に一往復かかるため、一日に三百回くらい往復し、八日くらいで土の外装部分ができあがる。スコップもバケツもなく口の中に土を入れ飛ぶ姿には感心するしかない。

その後、内装部分はメスがワラや羽などを入れ完成させる。産卵は早朝で抱卵はメス。ヒナへのエサやりはオスメスともにやるが、多いときは一日に六百回以上も往復する。

あるワークショップで子どもたちと、学校の周りの巣とヒナの数を数え、親が何度エサをやりにくるか数えた。そして食べる虫の数を計算したら、何万もの虫を食べていることがわかり子どもたちは驚いていた。

コシアカツバメ

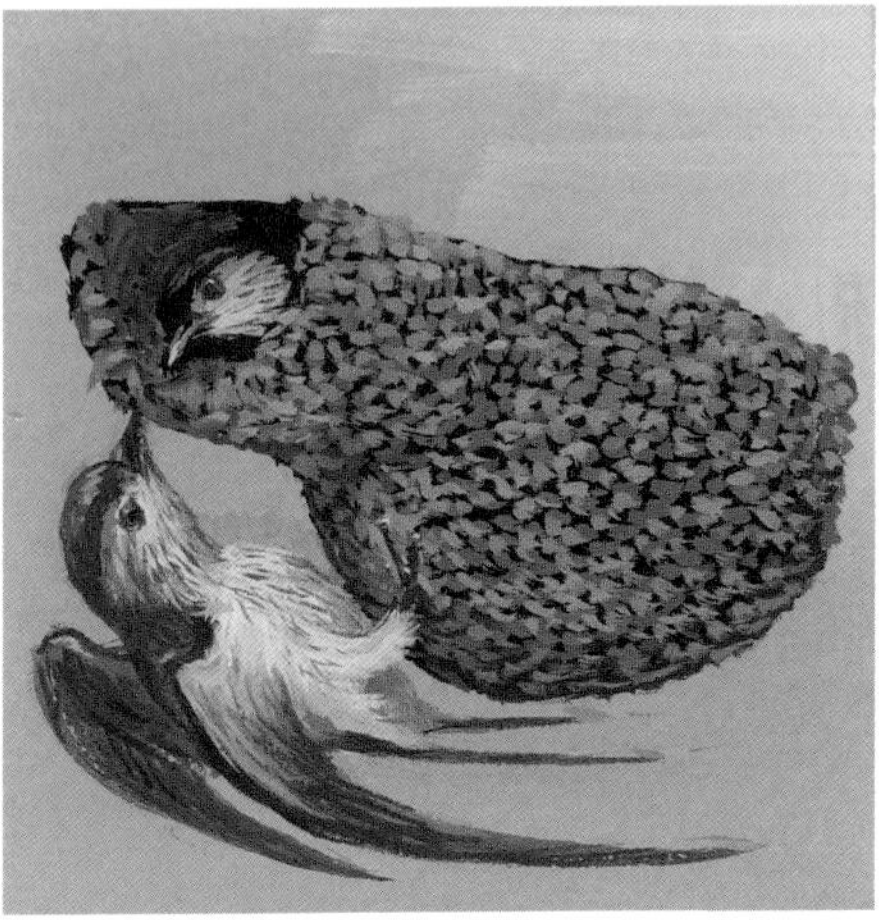

学名 *Hirundo daurica*

英名 *Red-rumped Swallow*

分類 スズメ目ツバメ科ツバメ属

全長 約19cm

巣の場所 建造物の壁・軒下部分など

巣の材料 枯草・泥・羽毛

特徴 夏鳥。日本全土に飛来。海岸線のそばの標高の低い地域に住む。ツバメより少し大きい。飛びながら昆虫を食べる。

実物大の卵

※長径約21mm×短径約15mm（個体差アリ）

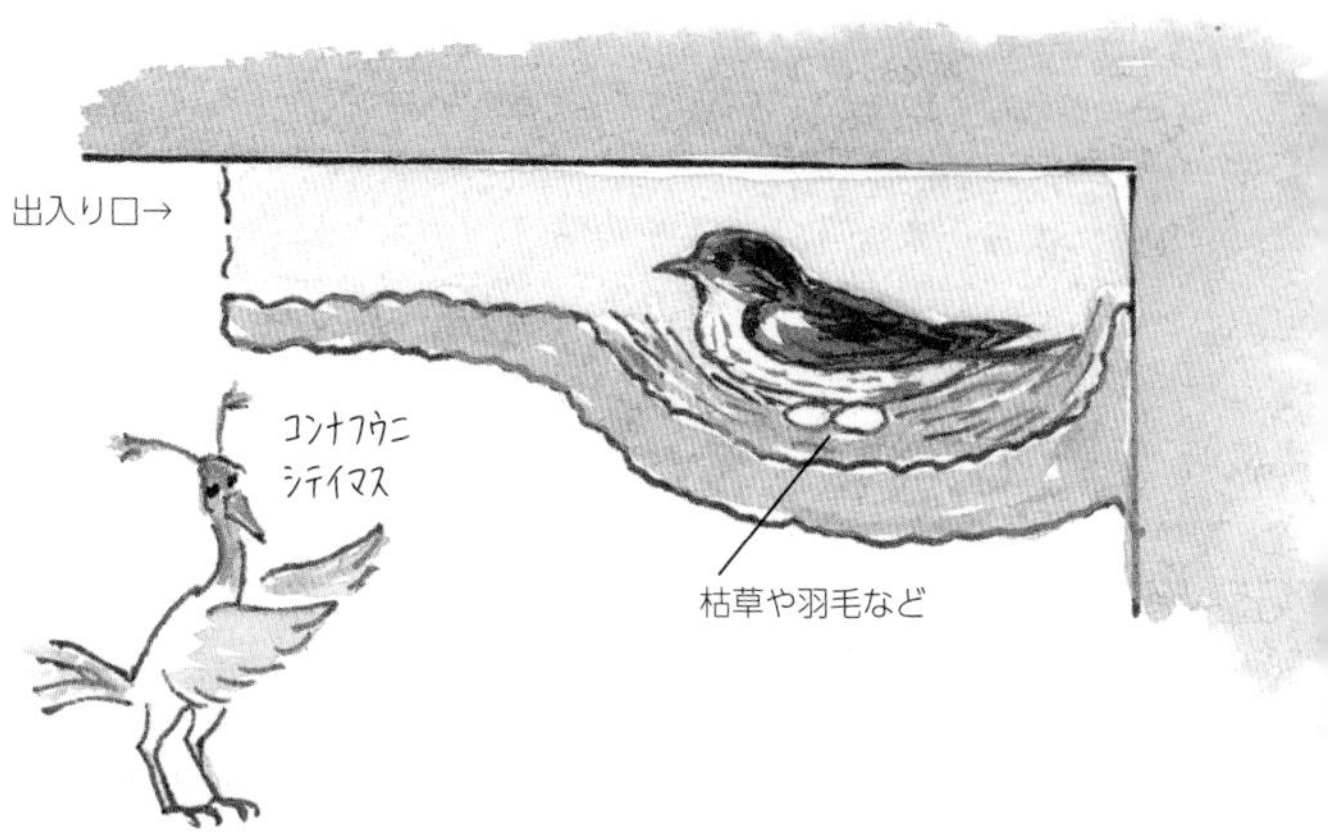

徳利のような巣

同じツバメ属でも、コシアカツバメは普通のツバメより少し大きく、腰のあたりが白と茶色で見分けやすい姿をしている。さらに巣を見れば明らかにツバメとは違う形で、壁から天井部分に徳利を縦に半分に切って張りつけたような形だ。

余談になるが、筆者は大学で陶芸を専攻していた。それゆえ、コシアカツバメの巣を見た時、その造形の不思議さにはとりわけ驚かされた。一体どうやって天井部分に、こんな形を取りつけることができるのだろうか。

要はツバメの巣をもっと天井付近につくり、出入り口を伸ばした形で、それが徳利のように見えるのだ。近づいてよく見ると、五ミリくらいの土の粒々が横にきれいに並んでいる。地面で集めた土を口に入れて運ぶのだから、一粒が一回分ということだ。一粒一粒を丹念にくっつけていった工程が、微妙な土の色の差となり、模様となって表れていて美しい。ざっと数えても三千回は往復している。なんという努力のたまものだろう。

ツバメの巣より下に重みがかかるため、落下しないよう、ツバメ以上に乾かしながらしっかりつくる。実際、筆者がコシアカツバメの巣を採取した時、あまりにもしっかり張りついていたため、ノコギリを使用したほどだ。

卵を産む産座《さんざ》部分には枯草や羽を敷く。しかし、入り口から細長い枯草がはみ出ていたら、スズメがコシアカツバメの巣を借用して中に入れたのがはみ出たものだ。

日本で繁殖する他のツバメの巣

日本ではツバメ、コシアカツバメ、イワツバメ、リュウキュウツバメ、ショウドウツバメの五種類のツバメが繁殖している。土の粒をつけていくのは同じだがイワツバメは、コシアカツバメより、もう少し球体に近く、リュウキュウツバメは上に積み上げていく。それぞれの環境に適応して微妙に形が変化するのだろう。名前に「ツバメ」とつく、ヒメアマツバメという鳥も日本で繁殖するが、アマツバメ科なのでツバメとは違う種で、巣も唾液で植物の茎や羽毛をつけた半球体の異なる巣をつくる。

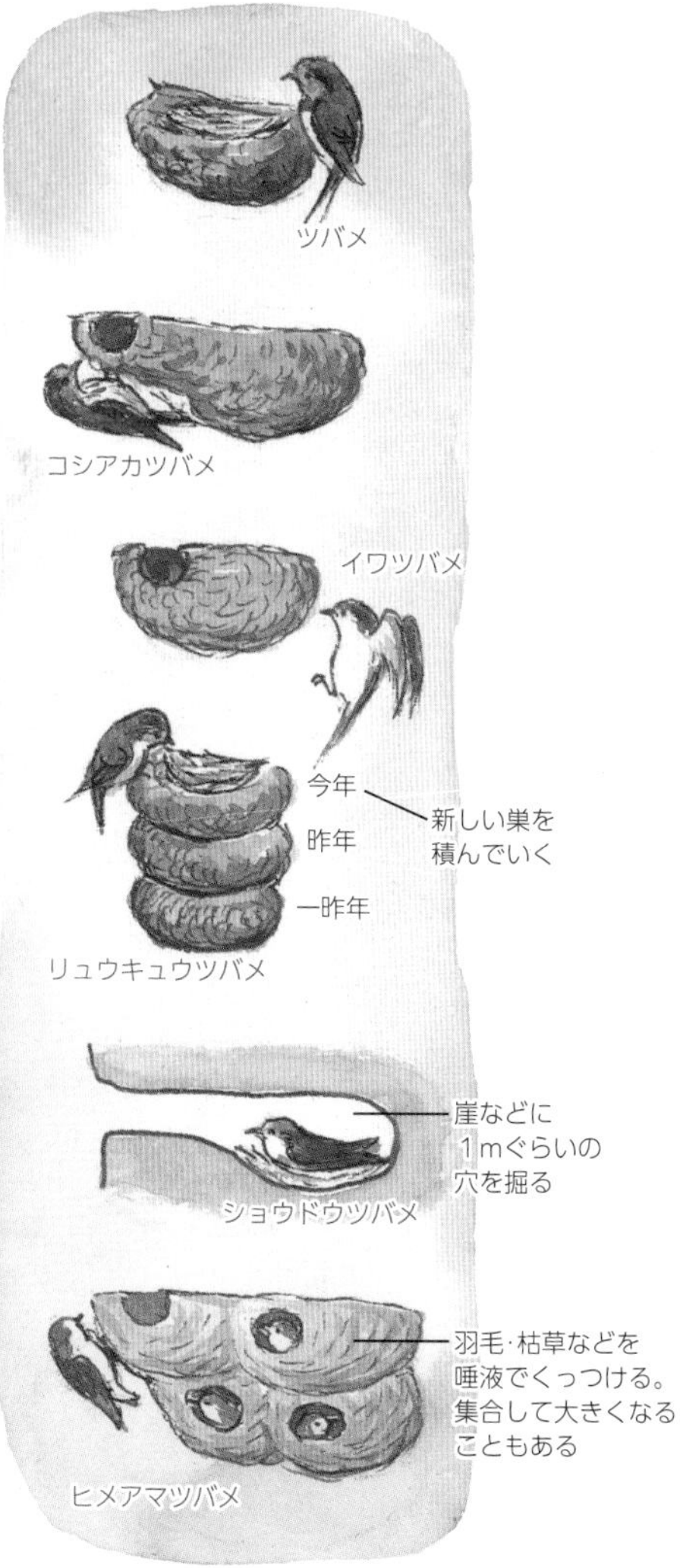
ツバメ
コシアカツバメ
イワツバメ
今年
昨年
一昨年
新しい巣を
積んでいく
リュウキュウツバメ
崖などに
1mぐらいの
穴を掘る
ショウドウツバメ
羽毛·枯草などを
唾液でくっつける。
集合して大きくなる
こともある
ヒメアマツバメ

ムクドリ

学名 *Sturnus cineraceus*

英名 *Grey Starling*

分類 スズメ目ムクドリ科
ムクドリ属

全長 約24cm

巣の場所 本来は木の洞など。現在は人家の屋根裏や、雨戸の戸袋などにもつくる

巣の材料 多量の枯草･羽毛･セロファン･ナイロン片

特徴 日本全土に住む留鳥。人家周辺に住む。雑食性で、ミミズ、昆虫、果実など食べる。

実物大の卵

※長径約29mm×短径約21mm（個体差アリ）

ムクドリの巣の場所

ムクドリの巣の変遷

ムクドリは本来、木の洞や岩の隙間の中に枯草などを入れ、巣をつくっていた鳥である。

しかし、人が家を建てるようになると、雨戸の戸袋や屋根裏の中などに入り込み、巣をつくるようになったのである。スズメの仲間が人のつくる稲などと共に発展したのに対し、ムクドリの仲間は稲につく虫や人がつくる果樹園と共に発展した鳥だ。

雨戸の戸袋部分やガレージの天井の隙間などから枯草などがはみ出ていたら、ムクドリが巣づくりしている可能性大である。毎年巣材を足して新しくつくりなおしていくので、数年も経った巣はすごい量となる。

ある時、「屋根裏にムクドリの巣があるから取ってほしい」といわれて取りに行ったことがある。屋根裏に登ってみると、何年分だろうか、枯草が山のように積まれていた。わずかに入る光の中で、小さな生命が育っていったのかと思うと、ただのワラの塊ではあるが、聖書のキリストが生まれた家畜小屋のようであった。

ねぐらと巣

よく駅前の街路樹などに、たくさんのムクドリが集まり、騒音とフンで汚れると苦情が出ることがある。あれをムクドリの巣だと思っている人が多いが、あれは巣ではなく、集団で寝る「ねぐら」である。集団でいれば敵が来ても、襲われる確率が低くなるからである。

鳥が木の枝にとまって寝ると、木から落ちないのかと心配する方がいるが、足の指の筋肉がギュッと締まるようになっており、枝から落ちるということはないため心配はいらない。

足を曲げると、指先までつながった腱が
引っ張られ、自然に指が枝をにぎる

鳥類学者が魅了されるムクドリの卵

普段群れて暮らすからか、「種内托卵《しゅないたくらん》」といって一つの巣に複数のメスが卵を産むことがある。どんな鳥も一日に一個の卵しか産めない。空を飛ぶために体を軽くする必要があることから、そもそも卵を体内にたくさんつくらないのだ。したがって巣の中に一日で二つも三つも卵が増えていたら種内托卵ということだ。

ムクドリの卵は、ピーコックグリーンのような美しい色をしている。多くの鳥類学者の方々が子供時代にこの卵の色に魅了され、鳥の世界に進んだといわれる、魅惑の卵なのだ。

セグロセキレイ

学名 *Motacilla grandis*

英名 *Japanese Wagtail*

分類 スズメ目セキレイ科
セキレイ属

全長 約21cm

巣の場所 川のそばの石の間・人工物の隙間など

巣の材料 枯草・根・動物の毛・綿など

特徴 ほぼ日本全土に住み、留鳥。川のそばに住み、カワゲラ、トビケラなど水生昆虫やハエ、カなども食べる。

実物大の卵

※長径約20mm×短径約15mm（個体差アリ）

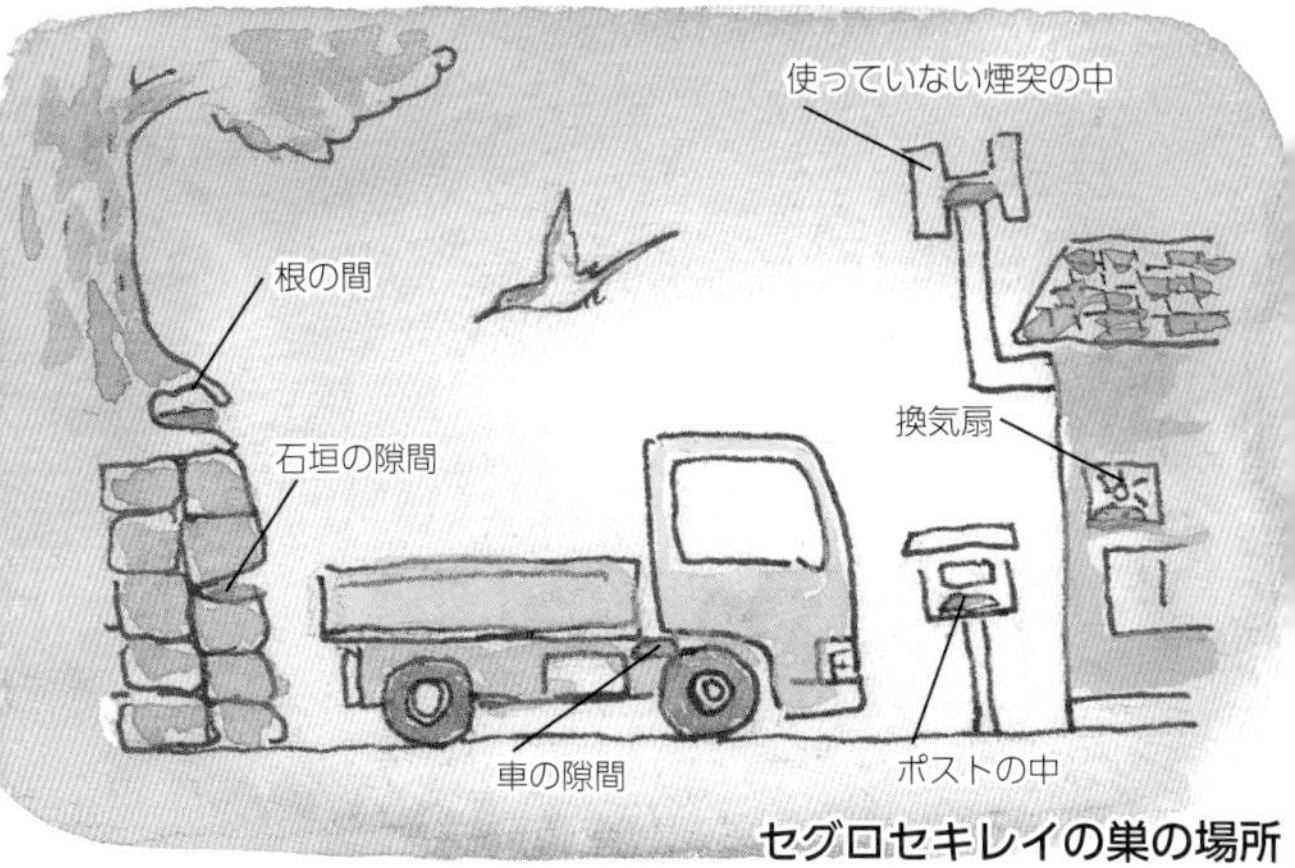

セグロセキレイの巣の場所

セグロセキレイの健気な巣づくり

セグロセキレイは川岸の岩や木のねもとの隙間や人家の台所の換気扇の外に巣をつくったり、屋根裏・ひさしの上などにもつくったりする。時には駐車場に停めてある車のエンジン室の中などにもつくることがある。

巣はというと枯草などを集めた平たい形で、中央に行くにしたがい細かい巣材となり、卵を産む産座には動物の毛など柔らかい巣材を使う。小さなくちばしで運べる巣材は限られているため、一日に百回以上も巣材運びに通う。新しい生命が誕生するための巣づくり本能というのはなんと強いことか。

巣の大きさは、環境によって違いがあり、

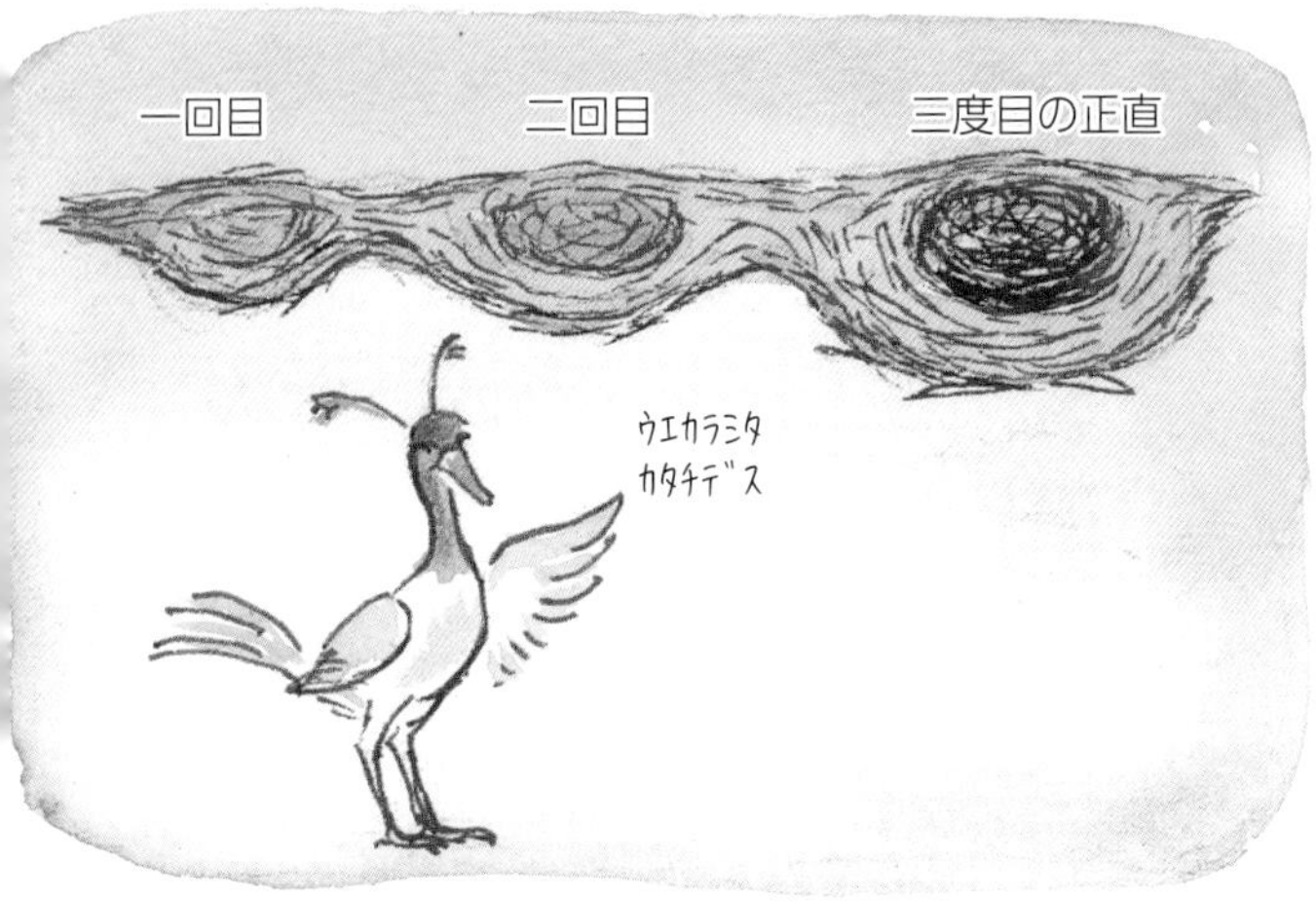

筆者が山の中の小さなバス停の屋根裏で見つけたものは比較的広い空間だったため、大きなピザくらいの大きさだった。

しかし、人の暮らしに近いせいか、つくっている途中で、人が近くを通るなど、何かしら不安があると巣づくりをやめてしまうことがある。同じセキレイのハクセキレイよりもセグロセキレイの人に対する警戒心は高いようだ。そうして、巣づくりをやめたあと、また最初からやり直すようで、目玉焼きのように、二つつながったり、三つつながったりした巣もあり、何度も何度もやり直している姿が見えるようで不憫というか、いとおしい巣だ。

繊細なようで頑な一面

どんな鳥も巣づくりの最初は神経質だが、一方で、卵を産んだり、ヒナが孵化したりすると、それらを守るために頑として巣から動かなくなる。前述したように、車のエンジン室につくることもあり、持ち主が気づかず車を動かしてしまうこともあるが、ヒナがいると放棄などしない。

これは筆者の実体験なのだが、以前我が家にはショベルカーがあった。野良作業のため毎日乗っていたのだが、ある日ふとエンジン室を開けてみると、セグロセキレイの巣があるではないか。もう巣立ったあとで、いったいいつ巣づくりして卵を産み、ヒナを育てていたのか……謎であった。抱卵から巣立ちまで、約四週間。多少の揺れなど気にしないのか、同じような事例が世界で報告されている。

例えばドイツのウェストファーレンという地方で、タンクローリー車のバッテリーの隙間にハクセキレイが巣をつくった。タンクローリー車がアチコチ移動する間も、親鳥はずっと卵を抱き続け、車庫に戻るたびにオスメス交代して卵を温めたそうだ。

番外編　海外の鳥のすごい巣①

セアカカマドドリ

生息地　南アメリカ（ブラジル、アルゼンチン、パラグアイ）

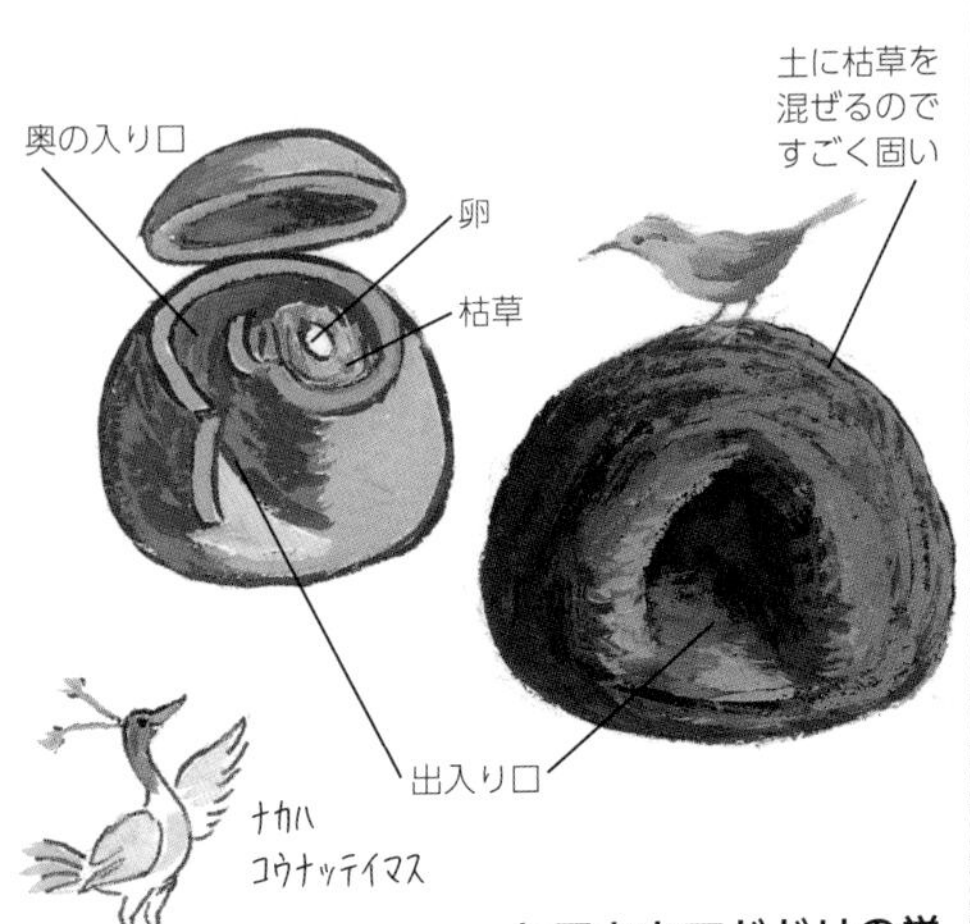
土に枯草を
混ぜるので
すごく固い
奥の入り口
卵
枯草
出入り口
ナカハ
コウナッテイマス
セアカカマドドリの巣

名前の通り、かまどのような形の巣をつくる。入り口の奥の壁の上部に本当の入り口があるので、産座部分は外から見えない。土にワラを混ぜているので固い。この地域に生息するハナグマなどの外敵に襲われても大丈夫なつくりになっている。

昔、南米では土壁の割れ目で繁殖するオオサシガメという虫に刺されて亡くなる伝染病が流行った。しかし、この鳥の巣をまねて土壁にワラを混ぜて家をつくったところ、壁が割れずオオサシガメも繁殖できなくなり、伝染病は収まったといわれている。

三章
木につくる　すごい巣

メジロ

学名 *Zosterops japonicus*

英名 *Japanese White-eye*

分類 スズメ目メジロ科メジロ属

全長 約12cm

巣の場所 細い枝の分かれ目など

巣の材料 クモの巣の糸・細い枯草や樹皮・コケ・シュロの毛・ビニールひもやブルーシートなど

特徴 日本全土に住む留鳥。平地から山地の林に住む。柔らかい木の実、昆虫やクモなど食べる。サクラ、ツバキなど花の蜜も食べる。

実物大の卵

※長径約17mm×短径約12mm（個体差アリ）

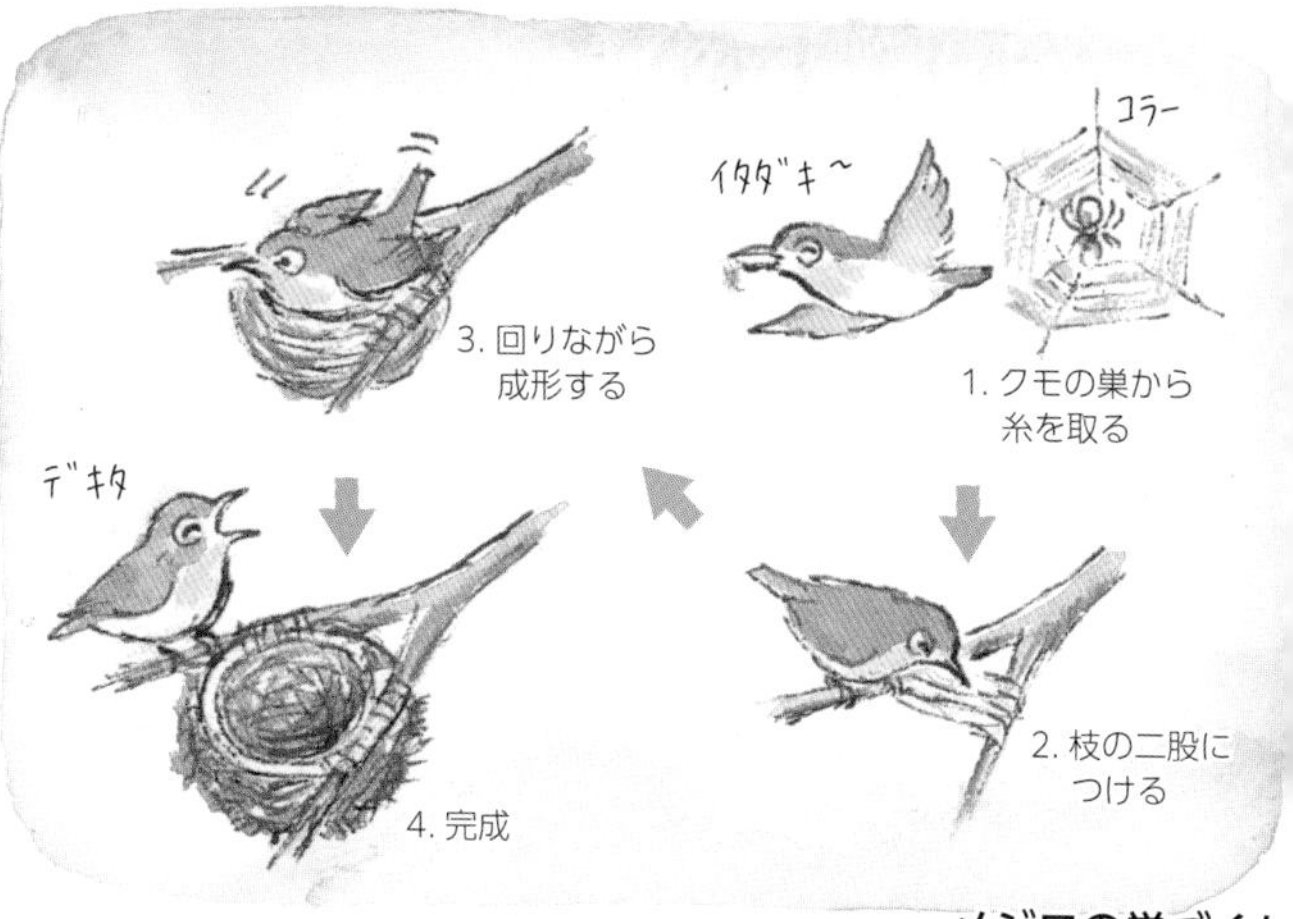

メジロの巣づくり

クモの巣　糸を活用

　メジロの巣は、木の枝の二股部分に、シュロなどの植物の葉を使ってつくる直径約五センチの椀型の巣だ。外側に緑のコケがクモの巣の糸を使って貼ってある。なぜ外にコケが貼ってあるかというと、枝先の二股部分は葉が茂っているので、カムフラージュになるのである。

　巣のつくり方は、まず二股部分にクモの巣の糸を擦りつける。そして枝の間を糸でつなぐと、そこへ巣材を運び入れつつ、自らが回りながら成形していく。巣材を足していきながら細いくちばしで形を整えると、きれいな半球体の巣ができるわけだ。細い枝先にハンモックのように取りつけられた巣は、形容しようがないくらい巧みでかわいい造形だ。

メジロがクモの巣を使うわけ

メジロがクモの巣から糸を取り、巣をつくると知った時は本当に驚いた。では、どうしてクモの糸を使うようになったのだろうか。

鳥の巣を探しに茂みの中へ入って行くと、古いクモの巣に枯草などが溜まって、塊になっているところがある。そういう場所に鳥が来て、クモの巣の糸に引っかかったような葉は適度に引っつき、成形しやすいため、自分の周りに集めだして巣をつくり始めたのだろう。その後、そういった場所を探すのではなく、自ら糸を集めて、気にいった場所に巣材を運び、巣づくりするようになっていったのだ。そのほうが、より自分が安全と感じられる場所に巣をつくり、卵を産むことができるからだ。

メジロ以外にも多くの鳥がクモの巣の糸を活用している。鳥にとっては、クモは食料でもあり、細かい巣材をまとめるにはうってつけで合理的な理由なのだ。

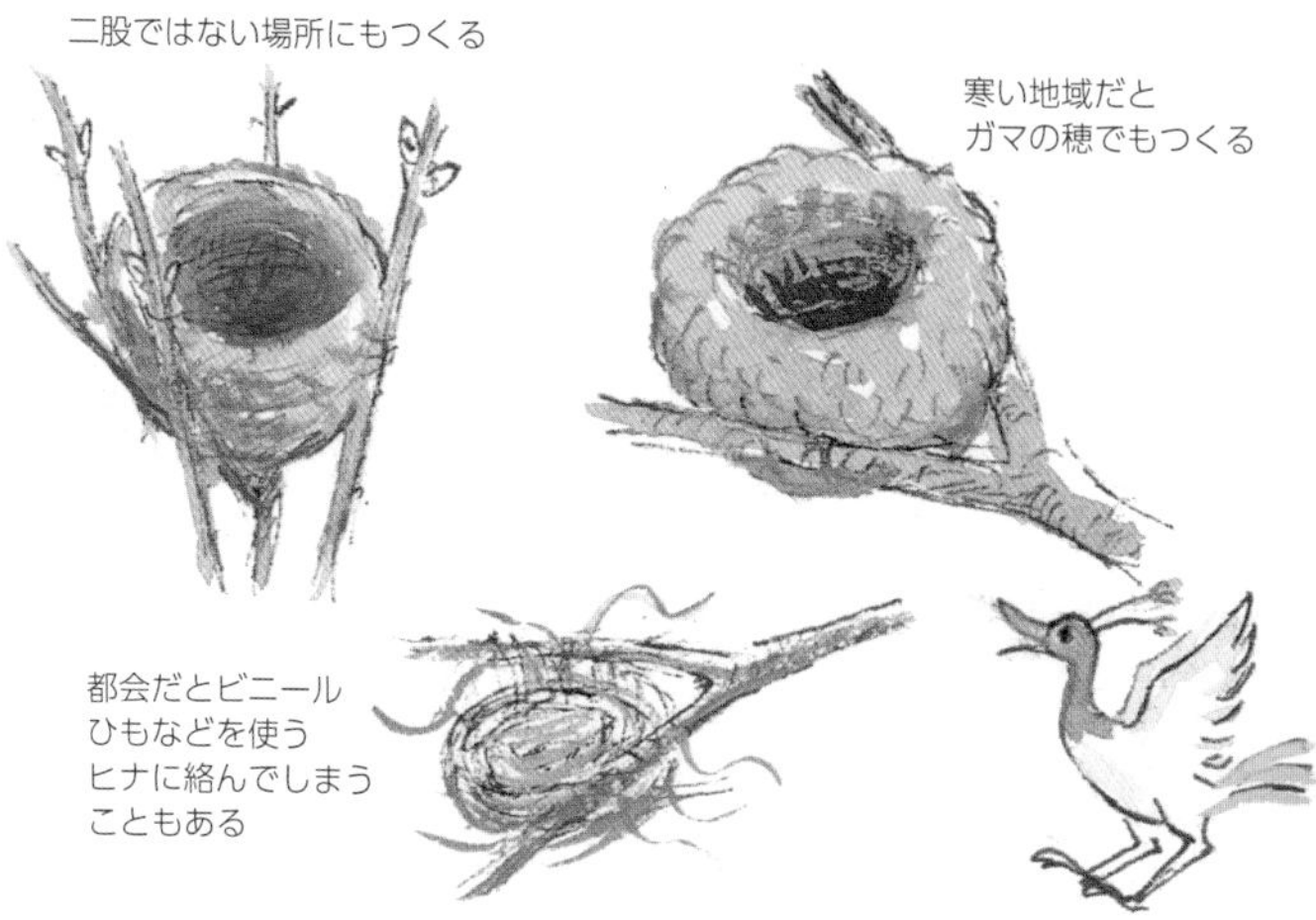

二股ではない場所にもつくる
寒い地域だと
ガマの穂でもつくる
都会だとビニール
ひもなどを使う
ヒナに絡んでしまう
こともある

バリエーション豊かなメジロの巣

一方、最近の都会のメジロの巣は、ほとんどがビニールひもなど人工の巣材が多い。北国だと、ガマの穂でできたメジロの巣もあり、見るからに暖かそうだ。

ある時すごいメジロの巣を見つけた。巣の内側に人の白髪が使われていたのだ。その巣は皇室の方々が避暑に訪れる御用邸に隣接する木についていた。ということは、内側に使ってある白い毛は皇室のどなたかの御髪《おぐし》かもしれない……と、これはあくまで想像なのだが、鳥の巣ひとつから周囲の環境や生態が見えて想像が広がっていく、奥深い世界なのだ。

ヒヨドリ

学名 *Hypsipetes amaurotis*

英名 *Brown-eared Bulbul*

分類 スズメ目ヒヨドリ科
ヒヨドリ属

全長 約28cm

巣の場所 木の枝の分かれ目など

巣の材料 ササの葉・ツル性の植物・シダの葉・杉やヒノキの樹皮・ビニールひも。産座にはマツの葉や細いツタなど

特徴 ほぼ日本全土に住む。北海道や北方地域に住む個体は春と秋に暖かい地域に集団で移動する。雑木林などに住み、夏はおもに昆虫を食べ、冬は果実や種子を食べる。花の蜜もなめるし畑の野菜なども食べる。

実物大の卵

※長径約30mm×短径約21mm（個体差アリ）

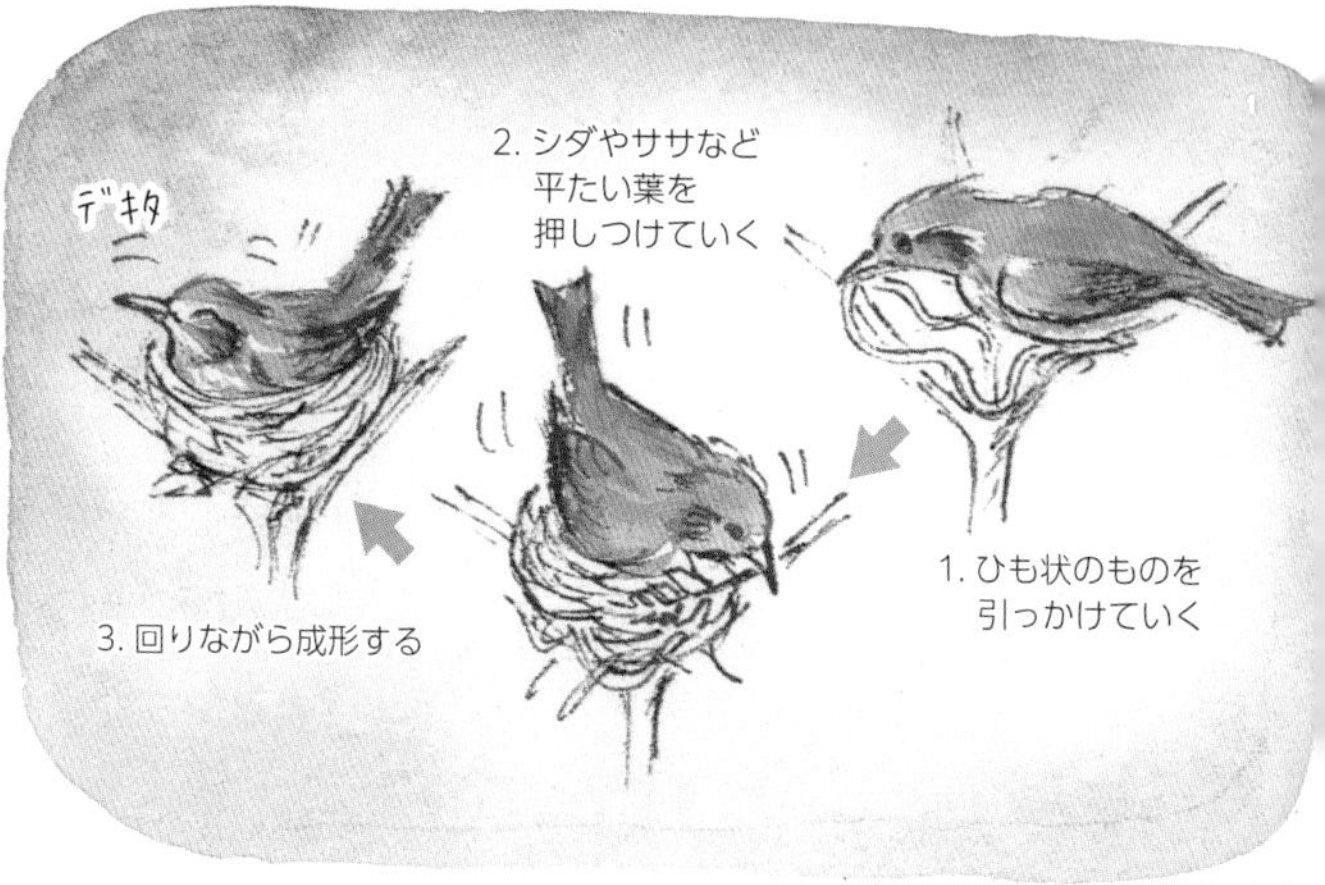
1. ひも状のものを
引っかけていく
2. シダやササなど
平たい葉を
押しつけていく
3. 回りながら成形する
デキタ

ヒヨドリの巣づくり

ツルを使った巣づくり

ヒヨドリは地上二～五メートルくらいの木の枝の分かれ目に巣をつくる。大きさはお茶碗くらいの椀型で、ツル性のひも状のものと、シダやスギの葉、平たいササの葉などを使う。近年は、都会に限らず地方でもビニールひものようなものを多用している。

枝分かれした部分に最初から細かいものを使うと落ちてしまうため、ツル性のものを基礎として引っかける。それからササやシダの葉など面積の広いものを使い、隙間をふさいで形をしっかりさせていく。

強引なエサやり

少し話が飛ぶが、ニワトリのヒヨコなど羽が生えて生まれてくる早成性のヒナに対し、羽も生えずに未熟な形で生まれてくる鳥を晩成性という。ヒヨドリは晩成性だ。

晩成性のヒナのくちばしは大きく開くようになっている。親はトンボ・チョウやガの幼虫・クモ・カタツムリ・セミなどをその中に押し込んでしまう。「ちょっと大きすぎるんじゃないのか?」と心配になるくらいのものでも、入れる向きを変えたり、出てこないようにくちばしで押さえて飲み込ませたりすることもある。

未熟な形で生まれるヒナだが、親がつきっきりでエサをあげフンの始末をして世話をするため、そこから確実に飛べるようになるまで成長する。そこが生命の不思議であり、それを可能にするのが晩成性の鳥の巣という空間なのだ。

リノベーションされたヒヨドリの巣

ある日、山でヒヨドリの古巣を見つけた。取ってみると、枯葉でドーム状の屋根ができ

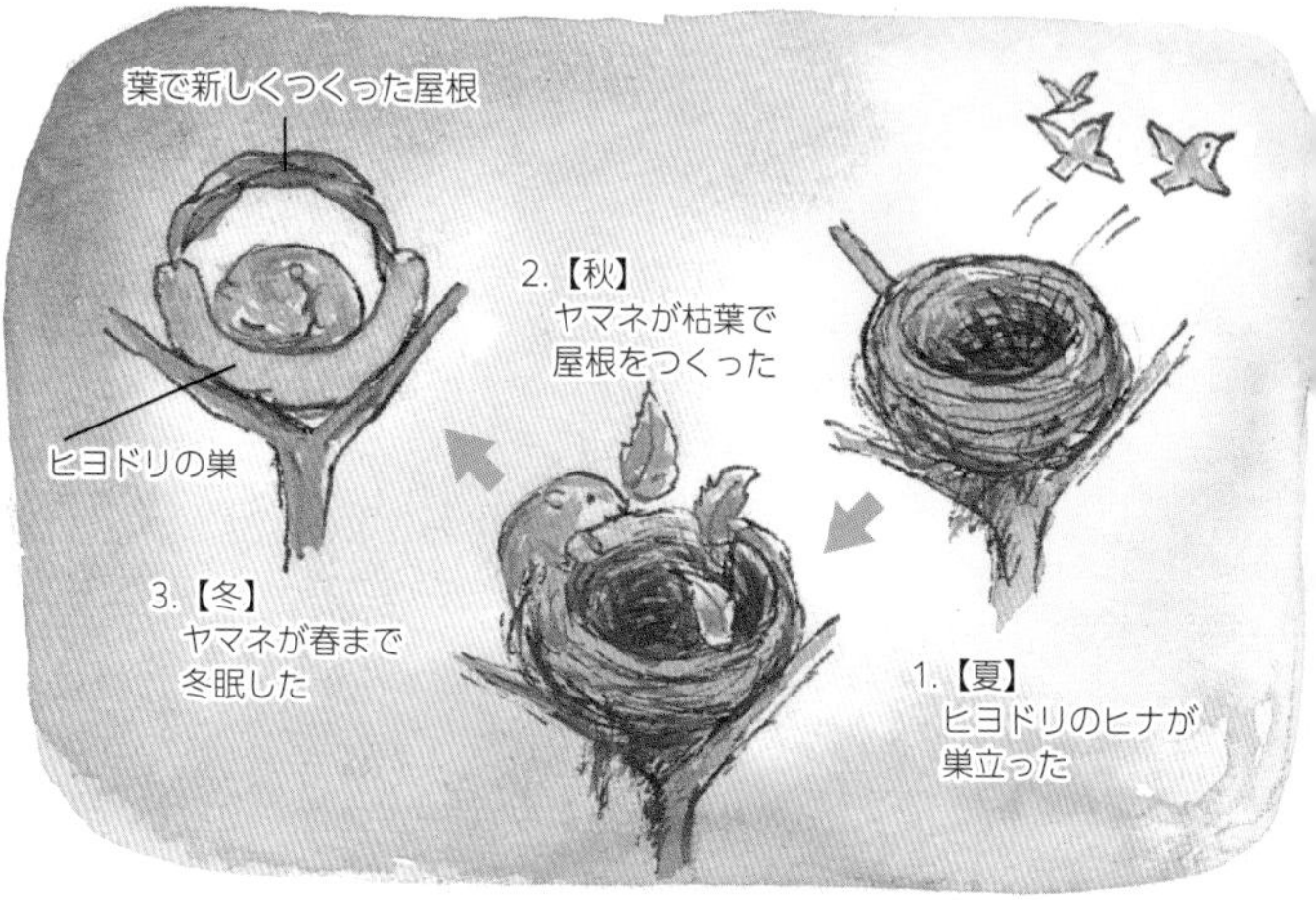
葉で新しくつくった屋根
ヒヨドリの巣
2.【秋】
ヤマネが枯葉で
屋根をつくった
3.【冬】
ヤマネが春まで
冬眠した
1.【夏】
ヒヨドリのヒナが
巣立った

て横に入り口があるではないか。こんなケースは初めて見る。

筆者の住む本州中部は、温暖なためヤマネがツルや枝が密集した場所に枯葉をボール状にした巣をつくることがある。きっとヒヨドリの古巣をヤマネがリノベーションしたのだろう。上野動物園の職員の方に聞いてみると、「ヤマネの生態は不明な部分が多く、可能性はあるだろう」とのことだ。その後、海外の本に「ヤマネが鳥の古巣を使うことがある」との記述を見つけた。実際に巣箱で寝ているヤマネも発見した。生命が育っていく自然界の営みの豊かさを感じて嬉しくなる。

キジバト

学名 *Streptopelia orientalis*

英名 *Oriental Turtle Dove*

分類 ハト目ハト科キジバト属

全長 約33cm

巣の場所 林や街路樹などの枝の上

巣の材料 小枝・ツル。産座には少し細い枝や根など

特徴 ほぼ日本全土に住むが北海道では夏鳥。市街地や雑木林などに住み、果実や落ちている種子を食べる。主に植物食だが昆虫やミミズなどを食べることもある。

実物大の卵

※長径約32mm×短径約26mm（個体差アリ）

モット
モッテキマース
オス
ハイ、
モッテキマシタ
ヨイショ
ヨイショ
アリガト
メス

めんどうくさがり屋といわれるハト

　キジバトは木の幹近くの枝にのせるように平たい皿型の巣をつくる。巣材はオスが地面を歩いて拾い、巣にいるメスに渡し、メスがつくるという役割分担ができている。自然の豊かな場所では数種類の枝やツル、根などでできているが、都会だと一種類の枝だったり、一度都会の方からいただいたハトの巣は錆びた針金が集められてつくられていたりした。

　ちなみに、いわゆる公園などにいるハトはドバトといい、北半球に住むカワラバトが人に飼われ、その後、野生化したものである。本来は岩壁の割れ目や洞穴の棚状の場所に枯草や小枝などを集めて巣をつくるが、日本で

ピジョンミルクには
タンパク質、脂肪
必須アミノ酸が
含まれている
ゴクゴク
クチウツシデ
アゲマス
そ嚢（のう）の皮が
はがれる

は橋げたの裏やマンションのベランダなどに巣をつくる。

キジバトを含めハトの巣はどちらかというと簡単な巣に見えるため、野鳥関係者の間ではめんどうくさがりだ、とか頭が悪いなどといわれることもある。しかし、簡単な巣になっているのにはちゃんと理由がある。それはエサの問題だ。

ハトのヒナは虫を食べない

スズメなど普段は米をはじめとした植物を食べる鳥も、ヒナには虫を与える。理由は単純に栄養価が高いためだ。

したがって、卵から孵ったとき、ヒナが食

べる虫がたくさんいる時期ということで、春に巣をつくる鳥が多いのである。
ところが、ハトはヒナに虫をあげない。「ピジョンミルク」というミルクのような栄養のある液体が体内で生成できるため、それを吐き戻して口移しでヒナにあげるのである。これはオスの体内でも生成することが可能なため、オスもヒナにミルクをあげることができる。

通常の鳥の繁殖時期というのは、虫がいる春から夏までなのだが、ハトは一年中子育てができるため、記録では一年に六回も繁殖した個体もいるそうだ。

繁殖の回数を増やすことに重きをおき、一回ごとの巣はあまりつくり込まないため、簡単な皿型の巣になっているというわけだ。

最近「ざんねんな〇〇」といったようなタイトルの書籍があるが、人間の傲慢というか、受けを狙っただけで、生命に対するリスペクトがないのは寂しく残念なことだ。めんどうくさがりなんていうのは人間だけで自然界には存在しない。自然の形に意味がないものはないのである。

カワラヒワ

学名 *Chloris sinica*

英名 *Oriental Greenfinch*

分類 スズメ目アトリ科
カワラヒワ属

全長 約14cm

巣の場所 枝の分かれ目など

巣の材料 枯草・細根・穂・樹皮・羽毛。産座には動物の毛、羽毛、綿など

特徴 ほぼ日本全土に住み、留鳥。北海道や雪の多い地域では夏鳥。林や農耕地などに住み、イネ科、キク科、マメ科などの種子を食べる。

実物大の卵

※長径約19mm×短径約14mm（個体差アリ）

カワラヒワは羽探しのプロ

カワラヒワはスズメくらいの大きさの鳥で、青とか赤の目立つ色ではないが、濃いグリーンというか茶色というか、味わい深い色の鳥だ。巣はヒヨドリがお茶碗くらいなのに対して、少し小ぶりの椀型で、三〜五股の枝の分かれた場所に、すっぽり入るようにつくっている。動物の毛や羽などをよく使う。卵や、羽も生えず未熟な状態で生まれるヒナを守るための保温素材である。

その毛や羽が何かわかると、その巣をつくったカワラヒワが住んでいる環境を知ることにつながる。例えば都会だと、ペットのイヌやネコの毛、ビニールひもなどをよく使っている。山だとシカやイノシシなどの毛になる。これが養鶏場のそばだと、ほとんどがニワトリの羽でできていて、見つけると筆者は狂喜してしまう。次の項目に登場するエナガも、数百枚の羽を巣の中に入れる。

そんな羽がどこにあるかというと、鳥は「換羽《かんう》」といって、周期的に羽が新しく生え変わる。その時に抜けた羽を利用するのだ。もちろん飛翔能力に影響が出ないよう一度にたくさん抜けることはない。だからカワラヒワやエナガのようにたくさんの落ちた羽を山の中で見つけることは、人間にとっては至難の業だ。

それゆえ、山を歩いていて羽を一枚見つけると、とても嬉しくなる。が、そばにもう一枚、もう一枚と見つけるようになると、心がだんだん穏やかでなくなり……猟奇的事件現場を見つけることになる。我が家のあたりではノスリという猛禽類がキジバト、ヒヨドリ、カケスなどを襲うが、そんなこともエナガやカワラヒワにしてみれば巣材を得るチャンスなのだ。自然界で、ある生命の死は、こうして別の生命へとつながっていくのだと思う。

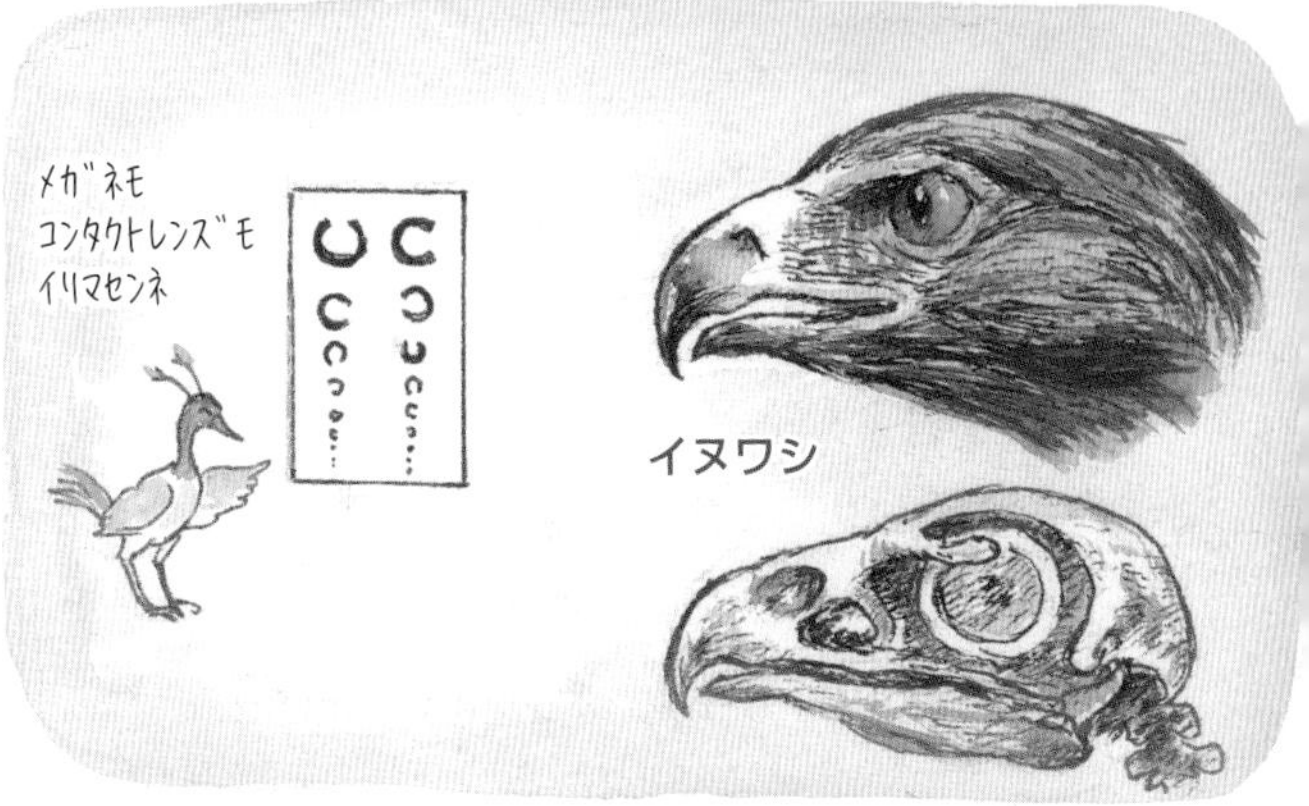
メガネモ
コンタクトレンズモ
イリマセンネ
イヌワシ

鳥の視力

少し話は飛ぶが、自然の中で、羽を見つける鳥の目のなんと良いことか。鳥類学者の方の研究によると、鳥類の中でも、とりわけ猛禽類は網膜にある視神経密度が人の八倍もあるそうだ。

イヌワシは一キロ先のネズミが判別できるというし、チョウゲンボウは、なんと百八十メートル離れたところから二センチの虫が見えるとのこと！　以前、オオルリが空中で虫を捕るのを見たことがあるが、よくあんな素早く飛びながら、空中を飛ぶ数ミリの虫をくわえることができるのか、鳥の動体視力と飛行能力のすばらしさにはただ驚くしかない。

エナガ

学名 *Aegithalos caudatus*

英名 *Long-tailed Tit*

分類 スズメ目エナガ科エナガ属

全長 約14cm

巣の場所 木の幹の二股部分・小枝の密集した部分・ササやぶなど

巣の材料 ガの繭の糸・コケなど

特徴 低地や山地の林に住む留鳥。20羽くらいの群れで暮らす。木から木へ移動して木の枝や葉にいるアブラムシや虫の卵、幼虫、クモなどを食べる。果実や樹液なども吸う。

実物大の卵

※長径約14mm×短径約10mm（個体差アリ）

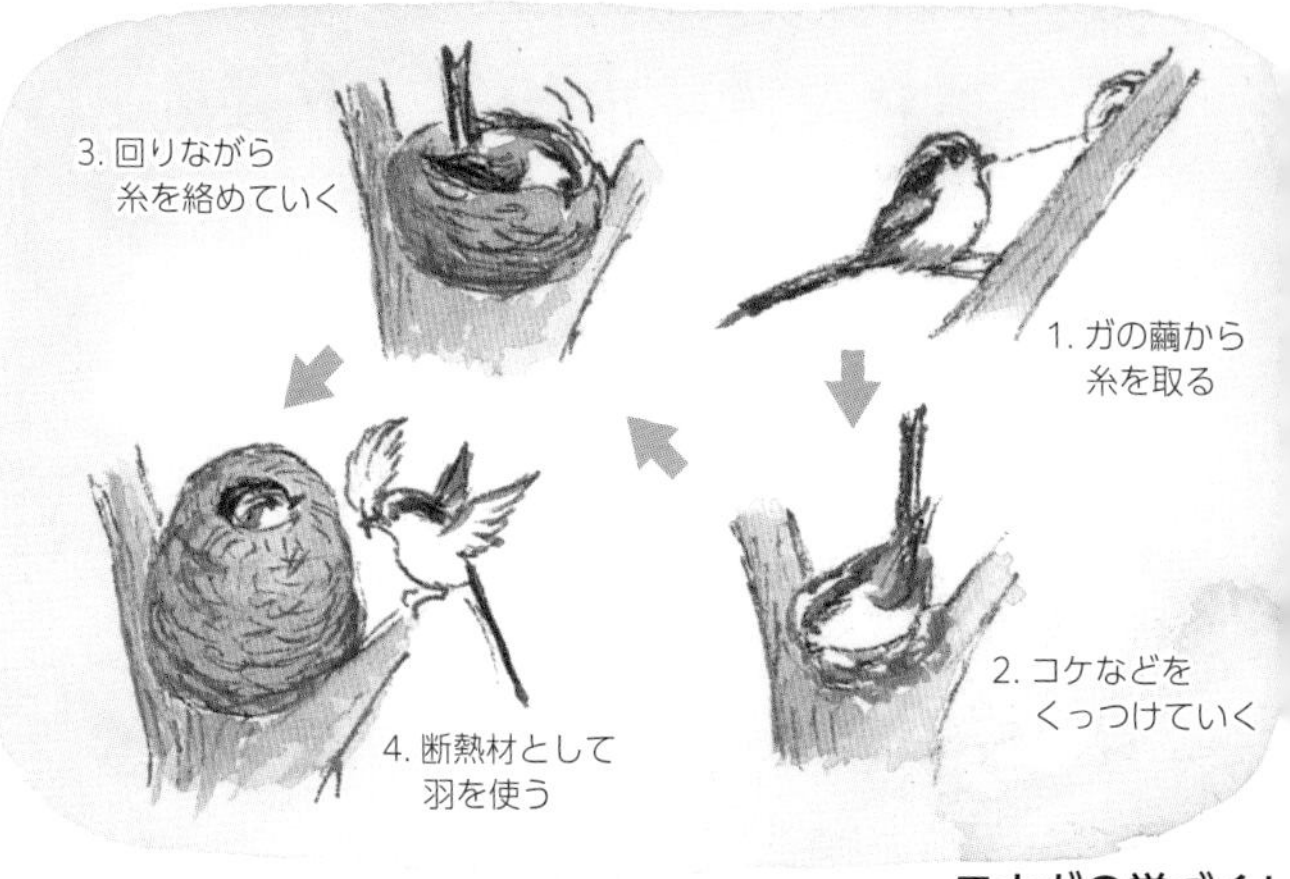
1. ガの繭から
糸を取る
2. コケなどを
くっつけていく
3. 回りながら
糸を絡めていく
4. 断熱材として
羽を使う

エナガの巣づくり

美しく精巧な巣づくり

前の項目で登場したエナガ。最近は北海道のシマエナガが人気だが、プロポーションもほぼ同じで普通のエナガも同じくらいかわいい。全長約十四センチだが名前のように尾羽が長く、体自体はとても小さい。二十羽ぐらいの群れになり、チーチー鳴きながら飛んできて、枝や葉にぶら下がったり目まぐるしく動きまわったりして、木の幹などについている小さな虫を食べていく。

　巣はエナガもシマエナガも同じ形で、ものすごく精巧で美しい巣だ。コケを集め、回りながら繭の糸を内側と外側に引っかけるように紡いでいく。フワフワでありながら洋ナシ型に成形していく技術は目を見張るほど不思議だ。

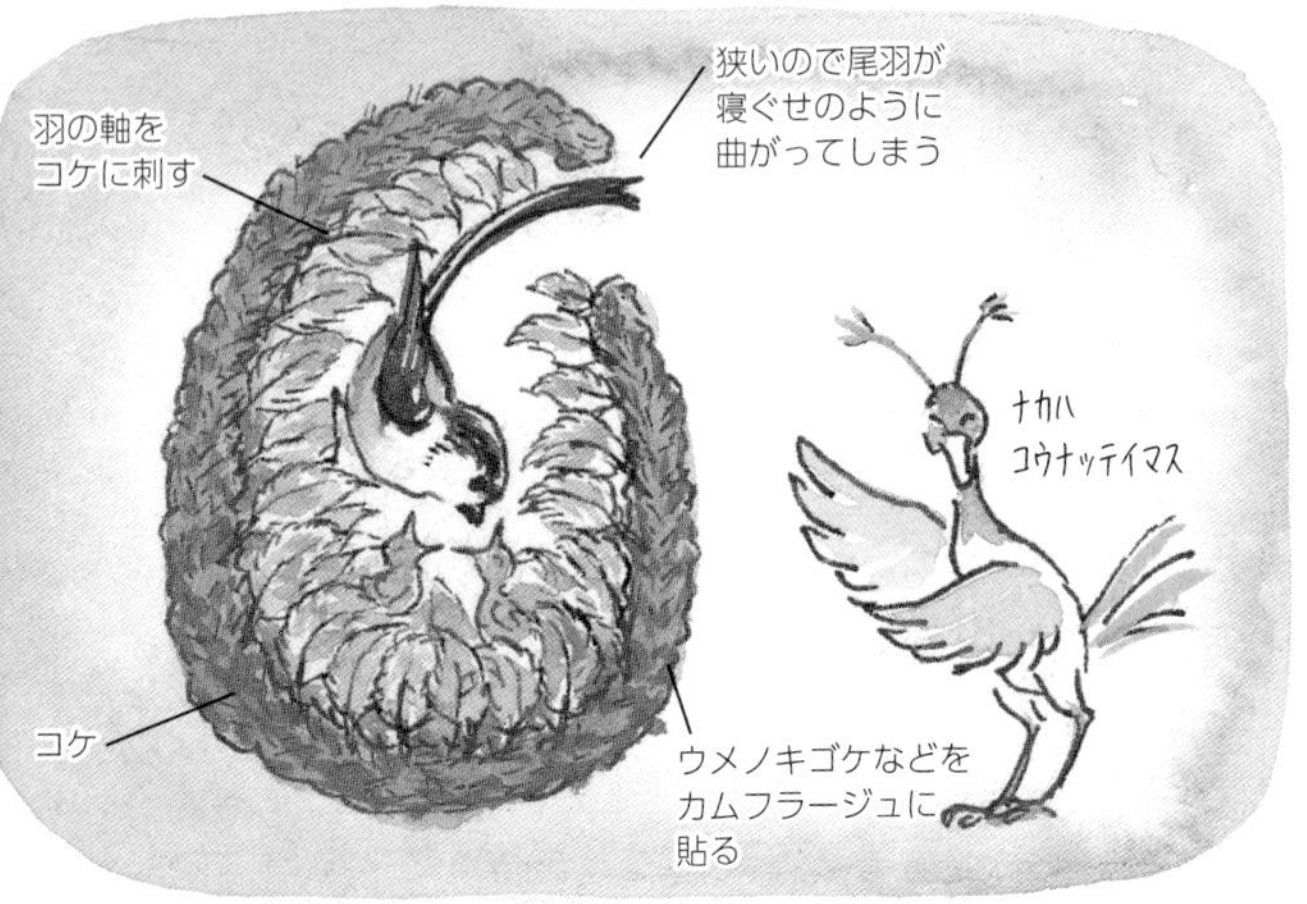
狭いので尾羽が寝ぐせのように曲がってしまう
羽の軸をコケに刺す
ナカハ
コウナッテイマス
コケ
ウメノキゴケなどをカムフラージュに貼る

羽毛布団のような巣の中

巣の上部に横向きの小さな丸い出入り口をつくり、中に数百枚の羽を入れる。外側にも羽がついている巣もある。これは巣づくり時期が、他の鳥より少し早く、寒い時期ということが関係しているのだろう。羽の軸を巣の内側に突き刺し、ヒナや卵は羽にくるまれ温かく育つ。まさに自然の羽毛布団だ。

一センチくらいの卵を七～十二個産む。生まれたヒナは小さくても、だんだん大きくなるため、巣もヒナの成長につれて伸び、大き

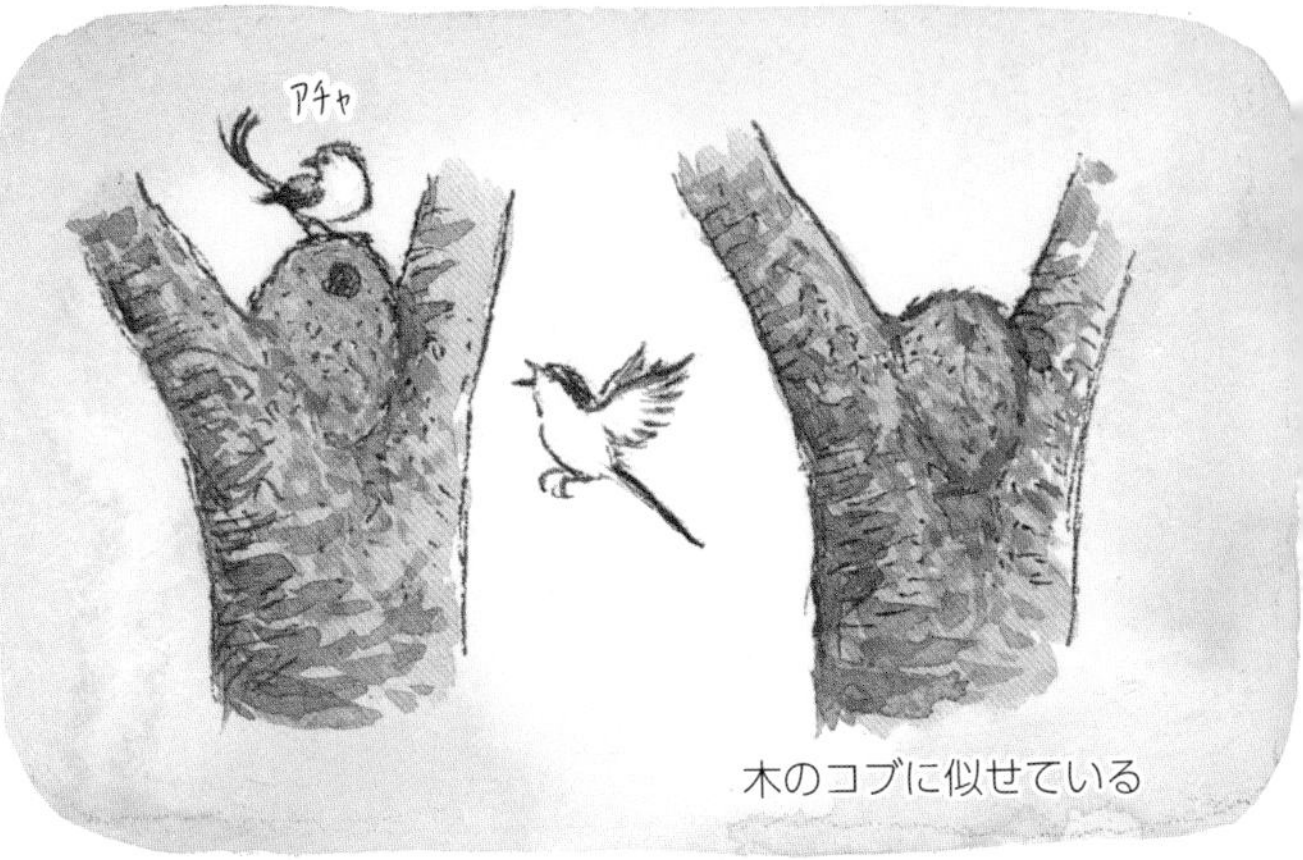

木のコブに似せている

くなるのだ。親鳥は、尾羽が寝ぐせのように曲がっていることがあるが、中できゅうきゅういっぱいになり隙間がなくなるからだろう。

木のコブへ擬態

桜の木など見ればわかるが、枝の二股部分は膨らんでコブのようになっている。エナガの巣は、木のコブに似せているのだ。太い幹につくる場合もあるし、細い枝の分かれ目などにつくる場合もある。巣につけられるウメノキゴケは生きているため、緑のコケの中にちりばめられた鮮やかな白色がなんとも美しい。

しかし他の鳥の巣もそうだが自然にある状

態から採取するとどうしても、枯れたり、劣化したりしてくる。そこで、筆者はその美しさを伝えたく絵で再現している。最初のころは写真撮影も試みたが、細かいディテールも表現したいし、立体感も感じてもらいたいし、親鳥やヒナ、卵も見せたいということで、やはり自分の一番得意な絵という表現が一番適しているのだと思い、楽しく絵を描いている。しかし、まだまだその美しさを表現できていない。鳥の巣の道は高く険しい。

エナガは一般的には森林に巣をつくるが、住宅地を流れる広い川の中洲につくったものを発見したことがある。そこにはウメノキゴケがないため、人が捨てたティッシュなどを細かくして使っていた。本来の美しさには程遠いが、生きていく逞しさが感じられた。このように巧みにできた巣だが、残念ながら万全ではなく、アオダイショウに見つかり、中に入り込まれたり、カラスなどに食い破られたりすることもある。

森の妖怪のオーラ?

少し余談だが、時々実物の鳥の巣を世の中の人に見てもらいたいと、鳥の巣の展覧会を美術館や画廊などでしている。ある時「ゲゲゲの鬼太郎」の作者の水木しげる大先生が見に

来てくれたことがある。最初、水木先生が描かれるような、しっとり黒髪で目のぱっちりした美しい女性が画廊に入ってきて「私、水木の秘書です」といって、画廊をひと渡り見て行ってしまったあと、しばらくして水木先生ご本人がやってきた。先生はお忙しいから、きっと秘書の方は見るべき価値があるのか、偵察に来られたのだ。一つ一つの鳥の巣をとても興味深く眺め、カメラでたくさんの写真を撮っていた。特にこのエナガの巣の前では座り込んで、パシャパシャとシャッターを切られていた。何か森の中の妖怪に似たオーラを感じられたのではないだろうか。

サンコウチョウ

学名 *Terpsiphone atrocaudata*

英名 *Black Paradise Flycatcher*

分類 スズメ目カササギヒタキ科サンコウチョウ属

全長 オス約45cm　メス約18cm

巣の場所 細い枝先の分かれ目など

巣の材料 スギやヒノキの薄い樹皮・シュロ・細い枯草・根・コケ・ウメノキゴケ・クモの巣の糸

特徴 広葉樹や針葉樹の少し薄暗い森に生息。飛びながら虫を食べる。

実物大の卵

※長径約20mm×短径約15mm（個体差アリ）

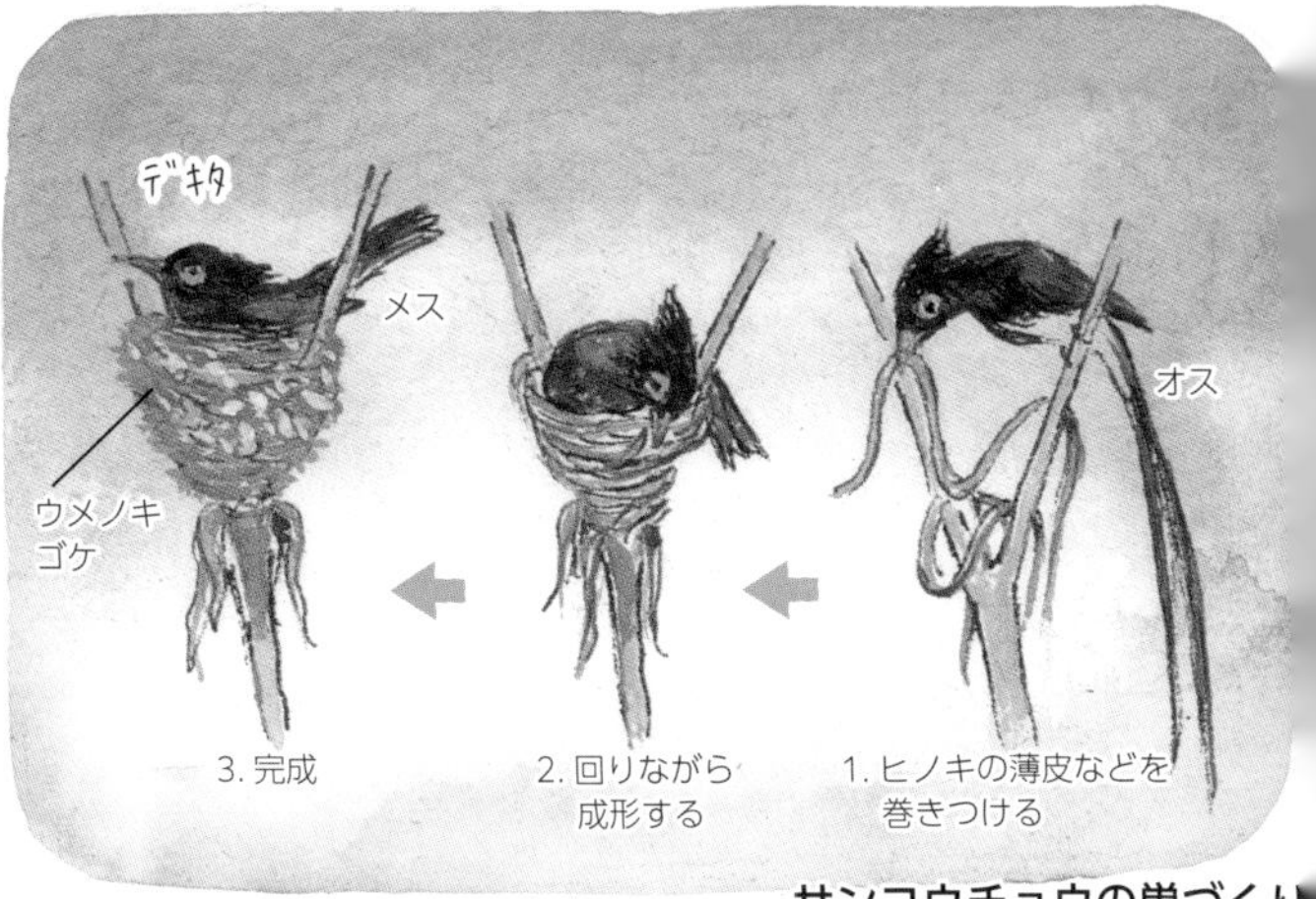

サンコウチョウの巣づくり

森のワイングラス

サンコウチョウはツキ・ヒ・ホシ・ホイホイと一度聞いたら忘れられないさえずりだ。名前の由来も、「月（ツキ）日（ヒ）星（ホシ）」と三つの光で三光鳥というわけだ。

オスは尾が三十センチくらいと、とても長く、目の周りが空色で美しい。バードウォッチング愛好家の憧れの的である。

もとは常緑広葉樹林に生息していたようだが、我が家の近辺では、同じような暗さの植林された針葉樹林からもさえずりが聞こえ、繁殖している。薄暗い森の中をひらひらと飛び回るため、下から見上げると逆光になり、鳴き声はすれどもなかなかちゃんと見ることができない。全国各県に地域にちなんだ鳥が県鳥として決められているがサンコウチョウは静岡県の鳥になっている。

巣は細い枝の分かれ目に杉皮やシュロで円錐カップ型にした、とてもコンパクトな巣で無駄のない美しい形をしている。一度、高い杉の枝についていた巣を採取したことがあるが、ワイングラスほどの大きさで、本当に小さい。

二股の枝の間に、杉の薄い樹皮などを巻きつけて、はめ込んだようにつくられている。みごとに枝と一体化して構造的にもしっかりしている。風などで飛ばされたり壊れたりすることはない。見つからないように外側にはコケやウメノキゴケを貼ってあり完璧によくできた巣である。

きれいな曲線を描く産座

巣材運びはオスとメスでするが、巣づくりの後半はメスだけでする。オスの尾羽は長くて、くるくる回るには動きづらいからだろう。他の鳥の巣もそうだが、親鳥が中で回りながら形づくるため、親鳥側の凸型と巣側の凹型という関係になり、おなかの面とぴったり一致した形になる。だから産座＝卵を産む場所の曲面に本当にきれいな曲面で、親鳥のおなかと一体化して、いとおしい形となるのだ。

抱卵はオスもする。長い尾は当然外に出るのだが、枝の分かれ目なので周囲は空いていて引っかかることはないし、抱卵はじっとしているので問題はないのであろう。この鳥も渡り鳥だ。あの長い尾羽で渡っている姿を見たいし、換羽で落ちた羽を拾いたいものだ。

人はろくろを回してお碗をつくる

鳥は自らが回って
椀型にする

体の形とピッタリ同じ
形になる

サンショウクイ

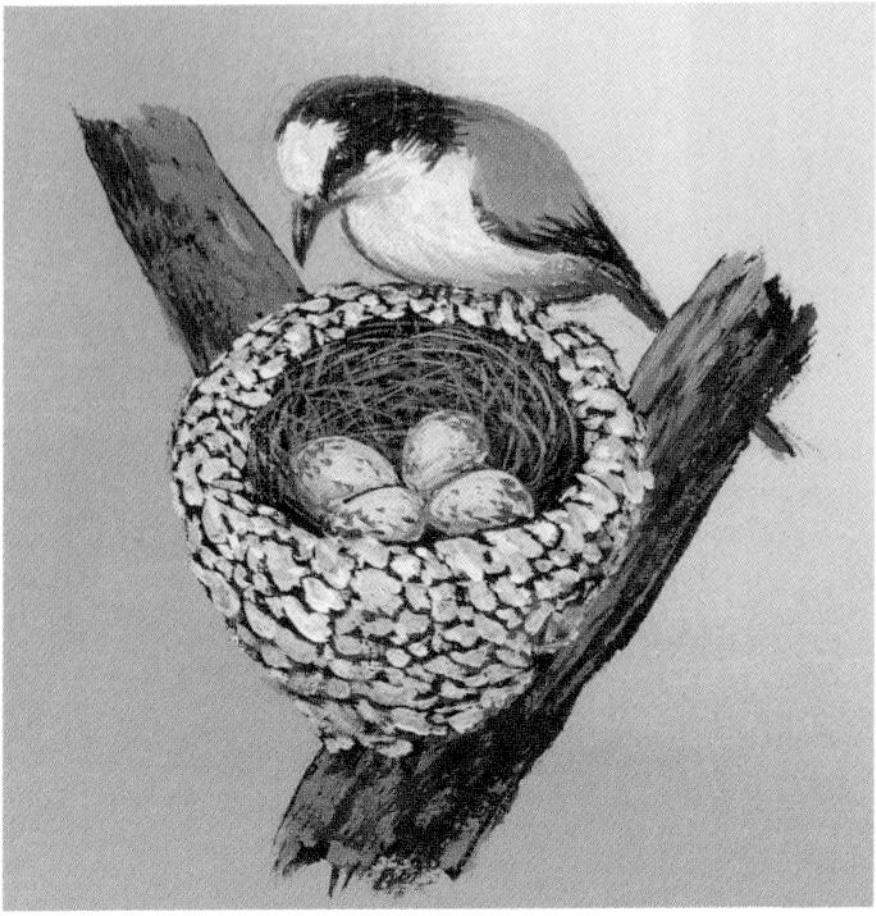

学名 *Pericrocotus divaricatus*

英名 *Ashy Minivet*

分類 スズメ目サンショウクイ科サンショウクイ属

全長 約20cm

巣の場所 枝の分かれ目など

巣の材料 枯草･ウメノキゴケ･クモの巣の糸。産座にはシュロ･獣毛･ススキの穂など

特徴 平地から低山帯の落葉広葉樹林に住む夏鳥。飛びながら昆虫やクモなどを食べる。

実物大の卵

※長径約21mm×短径約16mm（個体差アリ）

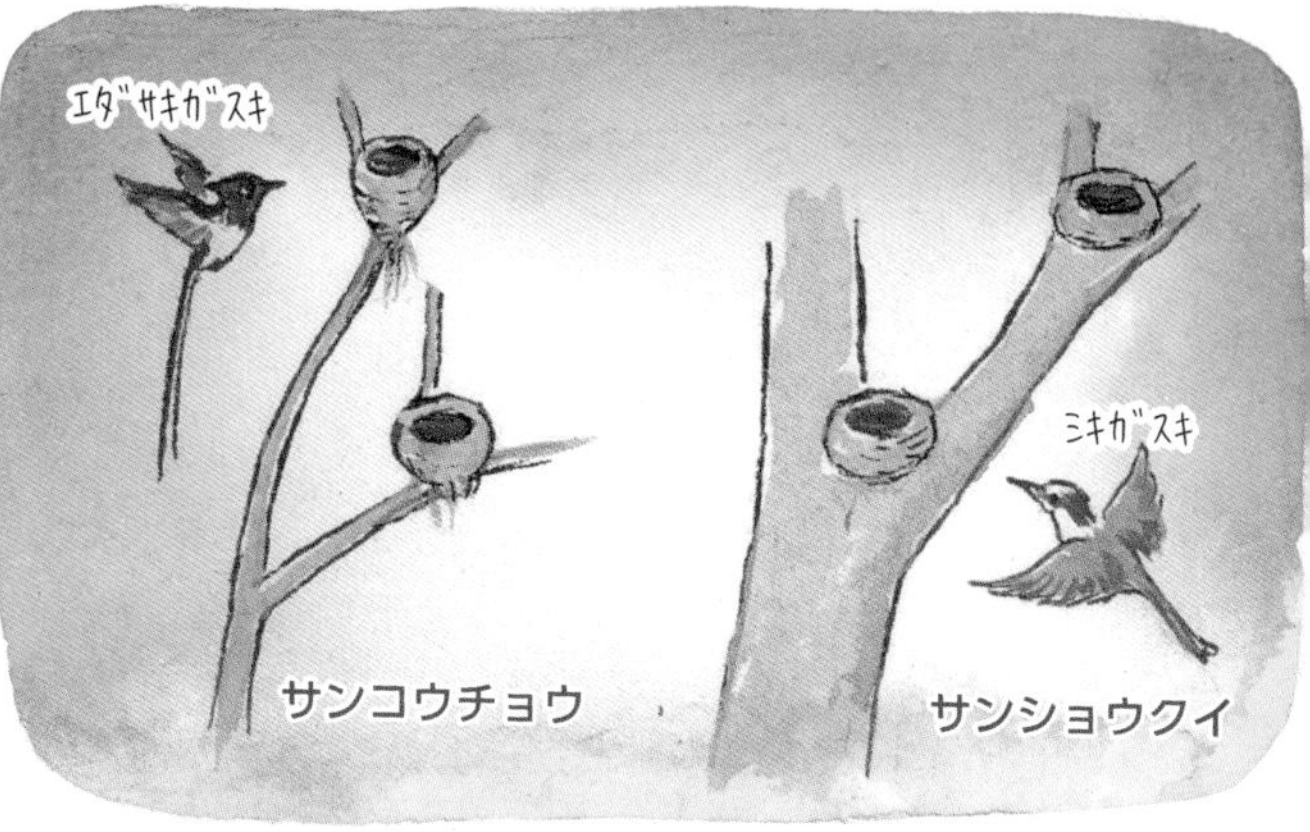

巣づくりの場所の住み分け

　サンショウクイ、漢字で書くと「山椒食」。日本野鳥の会の創立者である中西悟堂氏は、「野鳥記」に、「ヒリリと辛い山椒を食ったので、ヒリヒリ鳴くと思われたのである」と述べている。

　前の項目で登場したサンコウチョウと同様、枝の間部分に巣をつくるが、サンコウチョウよりも少し太い枝の間のことが多い。枝の間ということで、似たような巣と思うかもしれないが、太さが異なると、ずいぶん雰囲気が違う。高さとしては三〜四メートルくらいの差で、鳥により少しずつ場所を違えて住み分けているのだ。

鳥による巣づくり場所の違い

工芸品のような巧みな巣

外側にびっしり隙間なくウメノキゴケを貼り、まるで螺鈿《らでん》を貼った工芸品のような美しさで感激してしまう。巣だけ取り出すと美しいが、別に美しく飾っているのではなく、自然界で見つからないように木のこぶに似せてカムフラージュしているのである。実際林の中で下から見上げても、二股の枝部分につくるので、木と一体化していて、なかなか見つからない。

我が家の周りの木にはウメノキゴケがたくさんついているが、サンショウクイが取っているというのを見たことがない。他の鳥の巣もそうだが、巣の場所が見つからないよう、巣材を運ぶのも見つからないようにしているからだ。

　クモの巣の糸を絡めて一枚ずつウメノキゴケを貼っている、と書くと簡単そうだが、ジグソーパズルのように隙間を埋めて一体化させていく技術は、とても人間が真似できる業ではない。筆者もレプリカをつくろうと、ピンセットでウメノキゴケを貼ってみたが、本物とは程遠い出来であった。くちばしだけでつくり、さらに親や学校の先生や師匠に教わるわけでもない。ただただ巣づくりの不思議としかいいようがない。

　最近の建築でも「壁面緑化」といい、ビルの外壁面に植物を配して自然との共生といって話題になったものがある。潤いのある都市空間形成に役立ち、空気浄化、ストレスの緩和など様々な効果を期待してのことだ。しかし、しっかりした施工やメンテナンスをしないと、植物は枯れ、悲惨な結果になる。ウメノキゴケをつけたサンショウクイの巣のように美しいビルができたら良いと思うが難しいだろう。最近、建築系の会社から鳥の巣を使ってCMをつくりたいとか、建築家向けの講演を頼まれることがある。根源的な生命が快適に生きる場ということでは人の家も鳥の巣も同じだ。鳥の巣から学ぼうということ自体はとても良い姿勢だと思う。

ハシブトガラス

学名 *Corvus macrorhynchos*

英名 *Jungle Crow*

分類 スズメ目カラス科カラス属

全長 約57cm

巣の場所 高い木の上の枝の分かれ目など

巣の材料 枯れ枝·細い根·枯草。産座には枯草·杉皮·細かなシュロ·綿·羽毛·獣毛など

特徴 ほぼ日本全土に住み、留鳥。海辺から低山帯の市街地、農耕地、雑木林などに暮らし、動物の死骸や人が捨てた残飯、果実や虫、鳥の卵やヒナなども食べる。

実物大の卵

※長径約41mm×短径約28mm（個体差アリ）

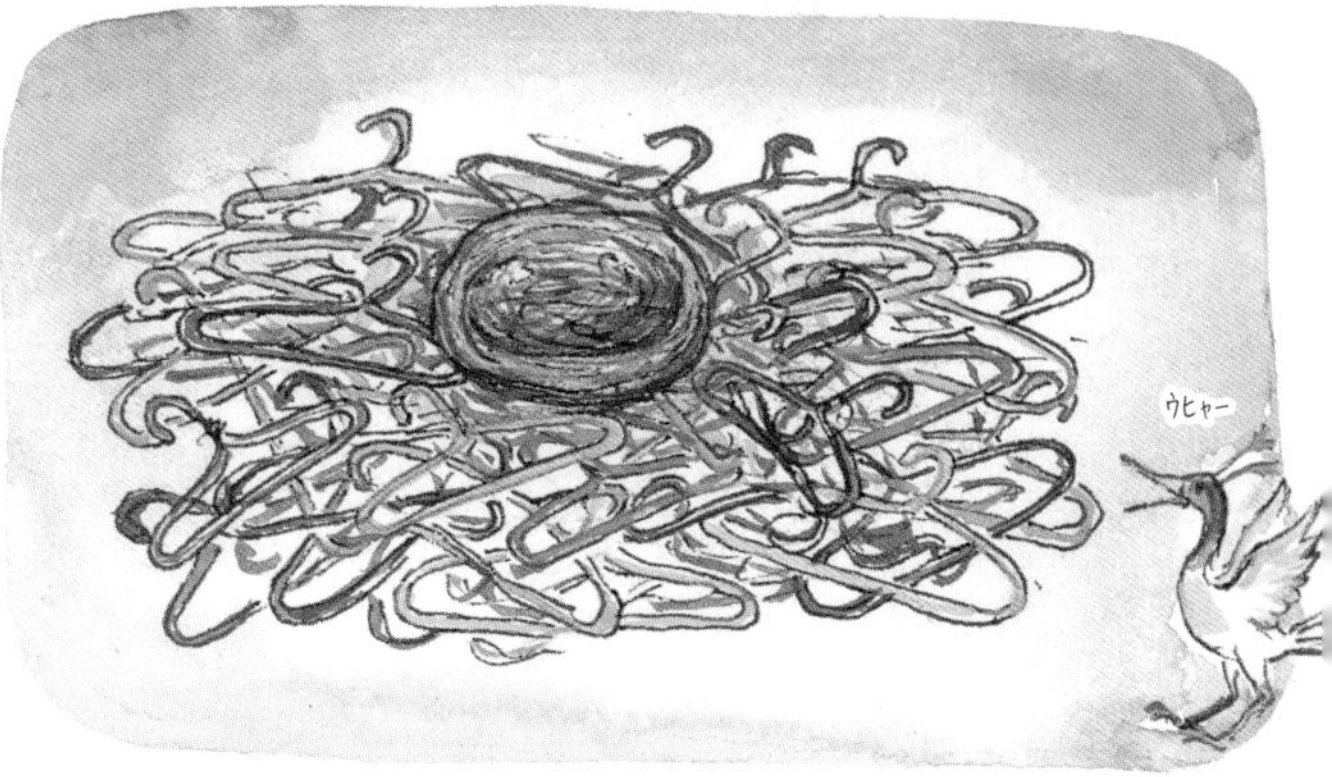

ハンガーなどを使ったカラフルな巣

　ハシブトガラスの巣は洗面器くらいの大きさで、外側は枝、根、枯草などでできている。内側の産座には細いシュロや毛などの柔らかいものを使っている。大きくてしっかりしたつくりのため壊れにくく、秋になり周囲の葉が落ちると、よく見つかる。

　最近はハンガーなど人工物を使用した巣もよく見かける。ある時、そんな巣を都会の人から送っていただいた。送られてきた箱を開けると、白、黄色、ピンク、青、黒のハンガーが何十本も使われている。みなクリーニング屋さんが使う細い針金製だ。洗濯ばさみや鎖、ビニールコードなども使われているが、

さすがに産座はシュロなどでできていて、ヒナたちが痛くならないようになっている。

展覧会で自然の巣材の巣とハンガーの巣を並べて展示すると、材質の歴然とした差と都会の暮らしと地方の暮らし的な象徴性があり、みな驚く。

当初、ハンガーを使うということは、都会には木が少ないからだと思っていた。しかし、実はそうではなく、力が強く頭の良いカラスはハンガーを折り曲げ木の幹や電柱に巻きつけ、巣を落ちないようにしていることがわかった。

マレーシアに鳥の巣を探しに行った時、ある飛行場のそばの木に鳥の巣があった。いただこうと木に登ったところ、ほとんどが針金てできていて、クルクルと幹に針金が巻きついており、とても取れる状態ではなかった。同じように日本のカラスも針金が曲がることを利用して堅牢な巣をつくっているわけだ。卵とヒナを守りたいという親心からの行動である。

カラスの細やかな巣づくり

カラスに限らず、木の上の巣づくりは、木から巣が落ちないようにすることが一番大事だ。それゆえ最初は木の枝の分かれ目などに、二股に分かれたような枝を引っかけるように置いていく。そして二股の枝を交互に差し込むと枝の反発力で、次第に固定されていく。と、書くのは簡単だが実際にやってみると、すこぶる難しい。

その後、枝を差し込んだり組み合わせたりして、基の木にしっかり固定されてくると、いわゆる外装ができたことになる。次は少しずつ細い枝や木の皮、ツル性のもの、葉などを集めてきて内装に取りかかる。

この時、巣の中央部分で回りながら足で踏んだり、おなかを押しつけたりしていく。だんだんくぼんでおなかの丸い形となっていくのだ。さらに巣材はシュロや綿のようなもの

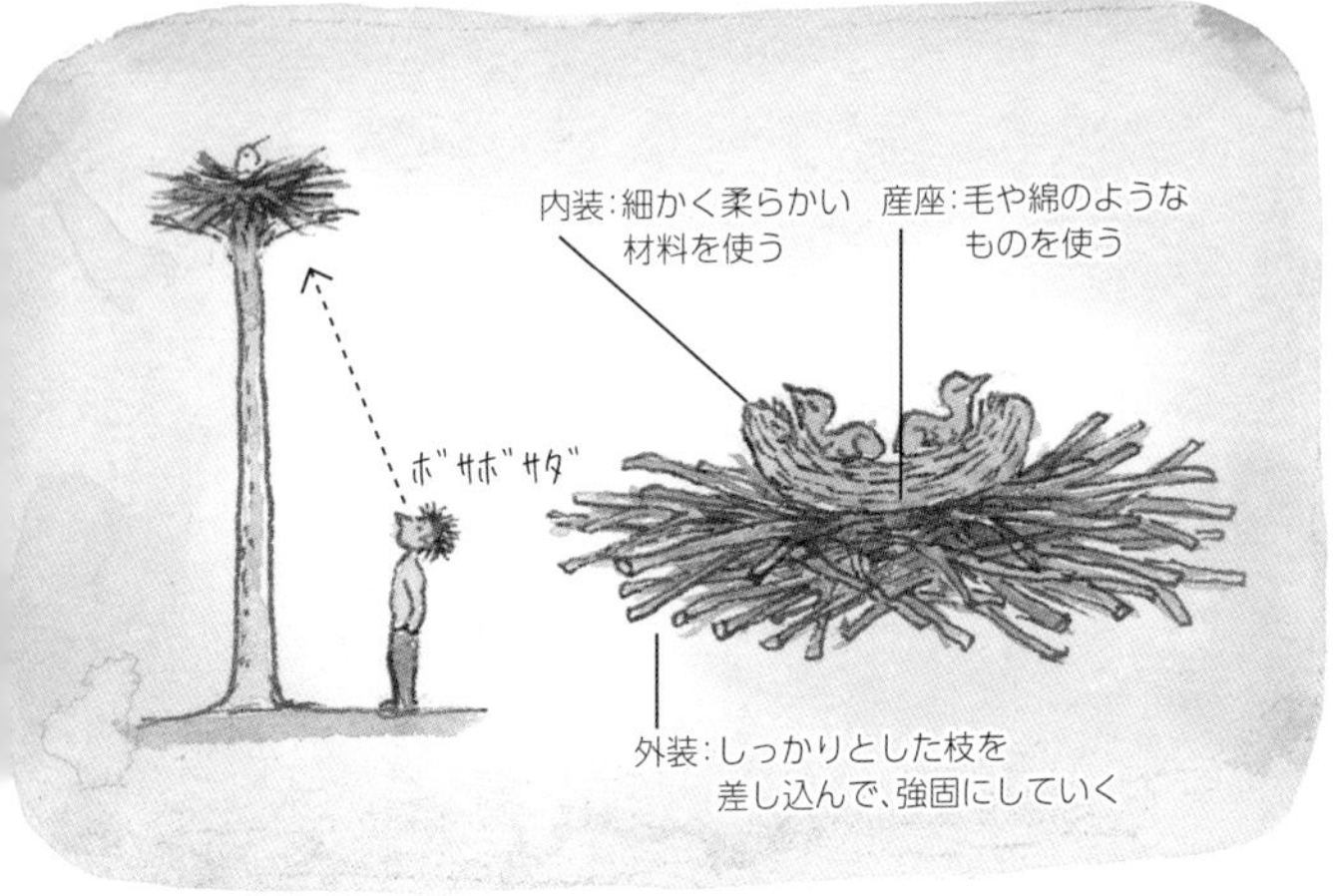
ボサボサダ
内装：細かく柔らかい
材料を使う
産座：毛や綿のような
ものを使う
外装：しっかりとした枝を
差し込んで、強固にしていく

など、中央部分に近づくにつれて、細かく柔らかくなっていく。壊れやすい卵が割れないよう、羽も生えず未熟な段階で産まれるヒナが傷つかないように柔らかな巣材で内装を完成させる。

人は地上からカラスの巣を見ると、枝を組み合わせた外装部分しか見ることができない。だから「鳥の巣はぼさぼさのもの」という認識ができてしまったのだ。外装から内装、産座へと巣材を細やかに変えていくのを見れば、いかに親鳥が丁寧な巣づくりをしているかがわかるだろう。

このように巣を丁寧につくり、ヒナを育てているので、繁殖期に巣に近づくと親ガラスに襲われることがあるわけだ。子供の命を守

りたい一心の行動なので、この時期に巣を見つけても近づかないことだ

大学生のころ、そんなカラスのヒナを拾ったことがある。朝、学校へ行く途中の上野公園の茂みの中から、グェーグェーと変な声がするので行ってみると、子ガラスだった。何かの拍子で、巣から落ちたのだろう。周りを見ても親鳥らしいのはいないし巣もない。野良ネコや野良イヌもいて襲われたらかわいそうと上着の中に抱え、学校は急遽休むことにして下宿に帰った。(こういう学生は落ちこぼれて中退することになる。)

帰宅して大きな鳥カゴをつくり、ウグイス用の練り餌を買って与えると、嬉しそうに羽をばたつかせ食べた。次の日から、一羽で留守番させるのもかわいそうだし、おなかもすくだろうと、携帯用のカゴをつくり、学校へ一緒に行くようになった。朝、通勤通学客で満員の電車の中で「カーッ」とか鳴くと周りの人は「なんだなんだ」とどよめくが、しらんふりしていた。そのうち肩にとまって散歩もできるようになり、飛ぶ練習もして飛べるようになって空に飛んでいった。

ただ、現在は野鳥を捕獲したり飼育したりする行為は、法律により禁止されているため、ケガをした野鳥など見つけた際には、最寄りの野生鳥獣担当機関に連絡して指示を仰ぐことをお勧めする。

キバラアフリカツリスガラ

生息地 アフリカ南西部（南アフリカ・ナミビアを除く）

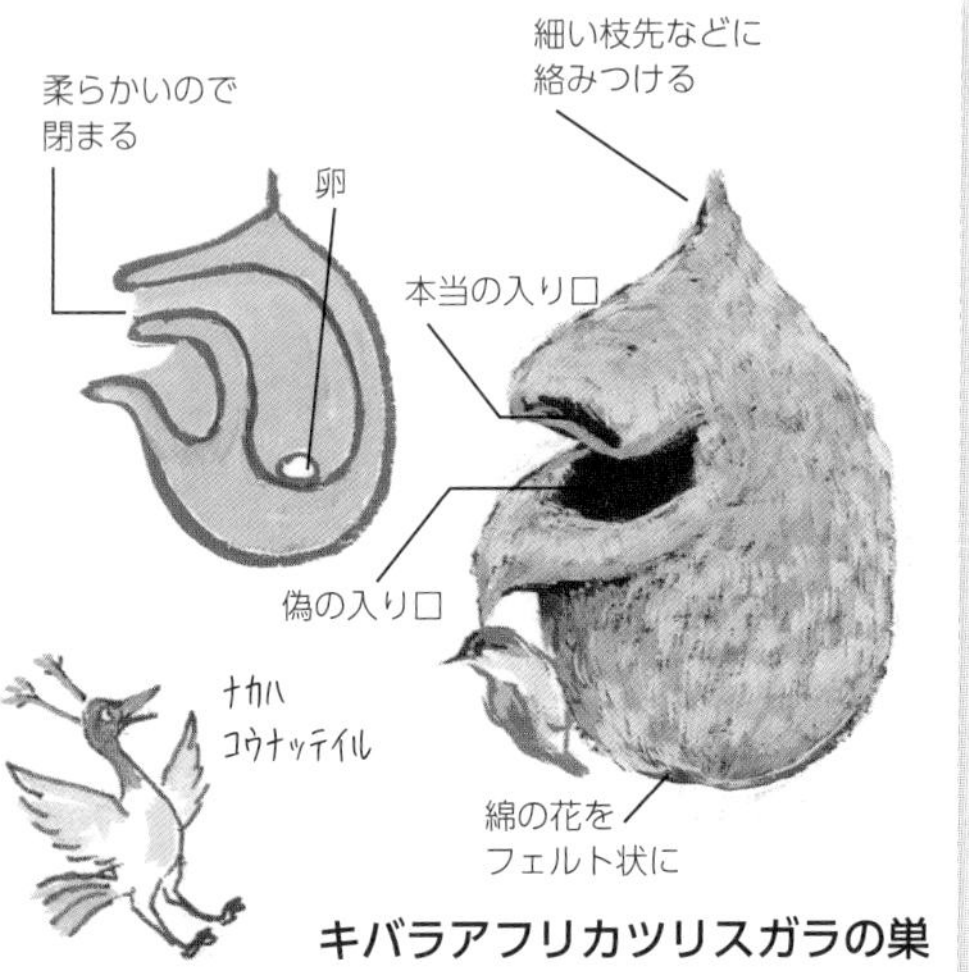

キバラアフリカツリスガラの巣

キバラアフリカツリスガラは綿花（綿の果実がはじけ中から出てくる白い綿毛）を集め、くちばしでつついて、フェルト状にして洋ナシのような袋型の巣をつくる。

大きく口が開いている部分は、すぐ行き止まりで偽の入り口なのだ。本当の入り口はその上のひさしのような部分で、開閉式になっている。南アフリカの砂漠地帯は日中気温が四十度以上になるが、夜はマイナス十度以下になる。寒暖差だけでなくサルが住んでいるということで、このような巣をつくるようになったのである。

四章
穴の中や隙間につくるすごい巣

アオゲラ

学名 *Picus awokera*

英名 *Japanese Green Woodpecker*

分類 キツツキ目キツツキ科アオゲラ属

全長 約29cm

巣の場所 直径30cm以上の生木に穴を掘る

巣の材料 巣材を持ち込むことはない

特徴 日本の北海道以外に住む留鳥。常緑広葉樹林や針葉樹林などいわゆる雑木林などに住み、木の中の甲虫の幼虫を長い舌でなめとる。昆虫やクモ、ムカデなども食べる。果実を食べたり、地上に降りてアリを食べたりすることもある。

実物大の卵

※長径約30mm×短径約22mm（個体差アリ）

日本にいる主なキツツキ

芸術品のような曲線美

キツツキというのは総称で、アカゲラ、オオアカゲラ、クマゲラ、ノグチゲラなど日本では約八種類、世界には二百種以上いる。我が家の近辺にいるのは、アオゲラとコゲラだ。

アオゲラはグリーンの美しい鳥だ。直径三十センチ以上の木に穴を掘って巣をつくる。入り口の直径は約六センチ、深さは約三十五センチ。巣の高さは二〜五メートルくらいとまちまちである。他のキツツキ類が枯れ木に掘るのに対し、アオゲラは生木に掘る。

キツツキが掘った穴は、シジュウカラ、ヤマガラなどの鳥があとで巣材を入れて巣をつくることがある。そのため、キツツキの巣は

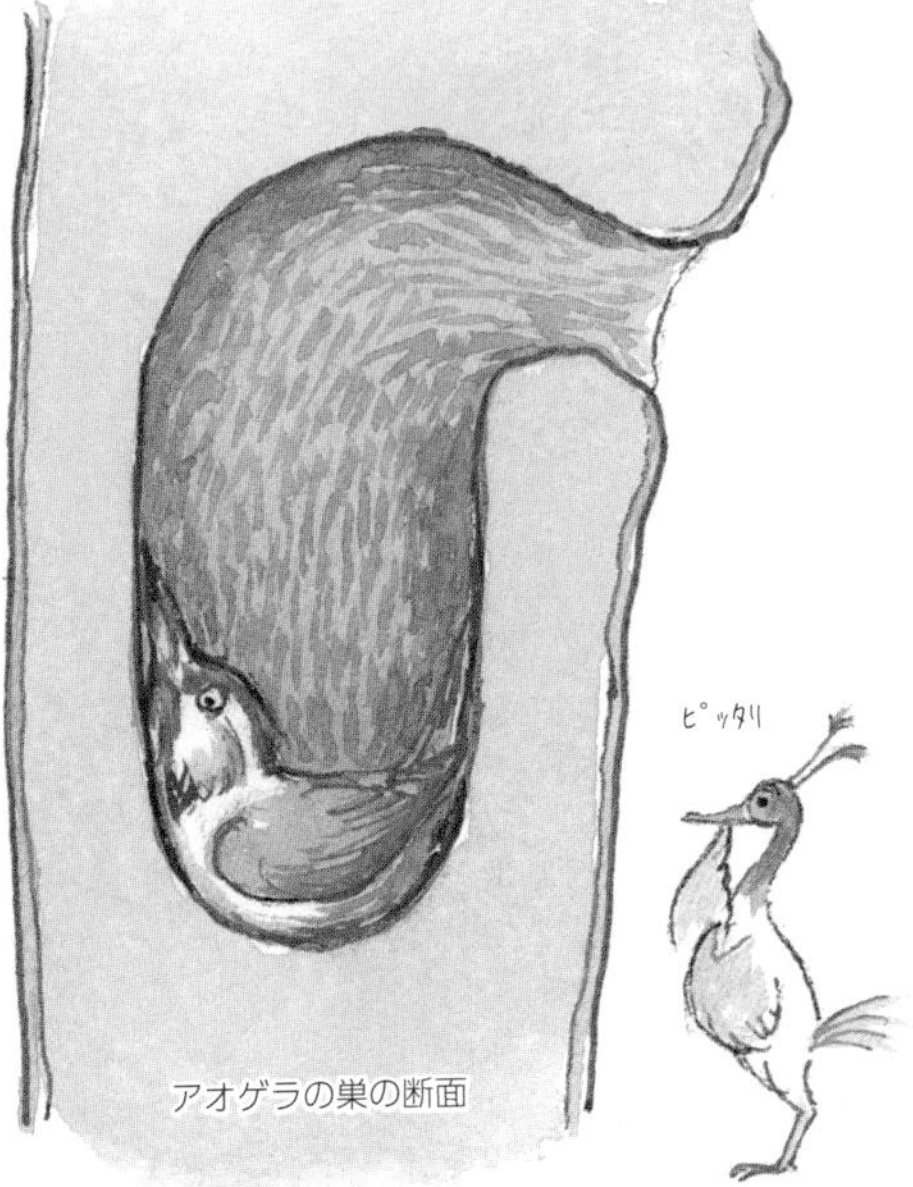

アオゲラの巣の断面

取らないでいたが、ある年ゴルフ場で造成工事をして切り倒した木にアオゲラの巣があり、いただけることになった。いただいたのち、近くの製材所に持っていって、真二つに切ってもらうと、ものすごくきれいな巣の断面を見ることができた。

入り口から少し上向きに穴を掘るのは雨が入り込まないように工夫しているのだろう。それから下向きにきれいな曲面がつづき、一番下の部分は自分の腹部がピッタリ収まるようになっているのだ。

生木をこんな風に掘るとは相当な威力に違いない。試しに同じサイズの木を彫刻刀で掘ってみたが、とても掘れるものではなかった。はじめから、こういった形を掘ろうというのではなく、自分が気持ちよく収まるサイズに掘っていった結果が、自然とこの美しい断面として出てきたわけだ。

キツツキのドラミング

キツツキの木をつつく行動を「ドラミング」という。では、なぜ木をつつくのか。理由は主に三つある。

まず一つ目は先述した巣づくりのためだ。巣づくりの際は、硬いくちばしをノミのように使い角度を変えたりしながら、コツ、コツと掘りこんでいく。掘った木くずは口に入れ、入り口から外に吐き出す。

二つ目は、繁殖期にオスが自分のテリトリーを宣言するためだ。特に、日本で一番大きいキツツキである北海道のクマゲラなどは「ダダダダ…」とすごい音を山に響かせる。中が空洞の木は音が響くので良いからか、森の中の別荘などの壁面に穴をあけることもある。

三つ目は、木の中にいる虫を食べるためだ。つついた穴に、とても長く粘液のついた舌

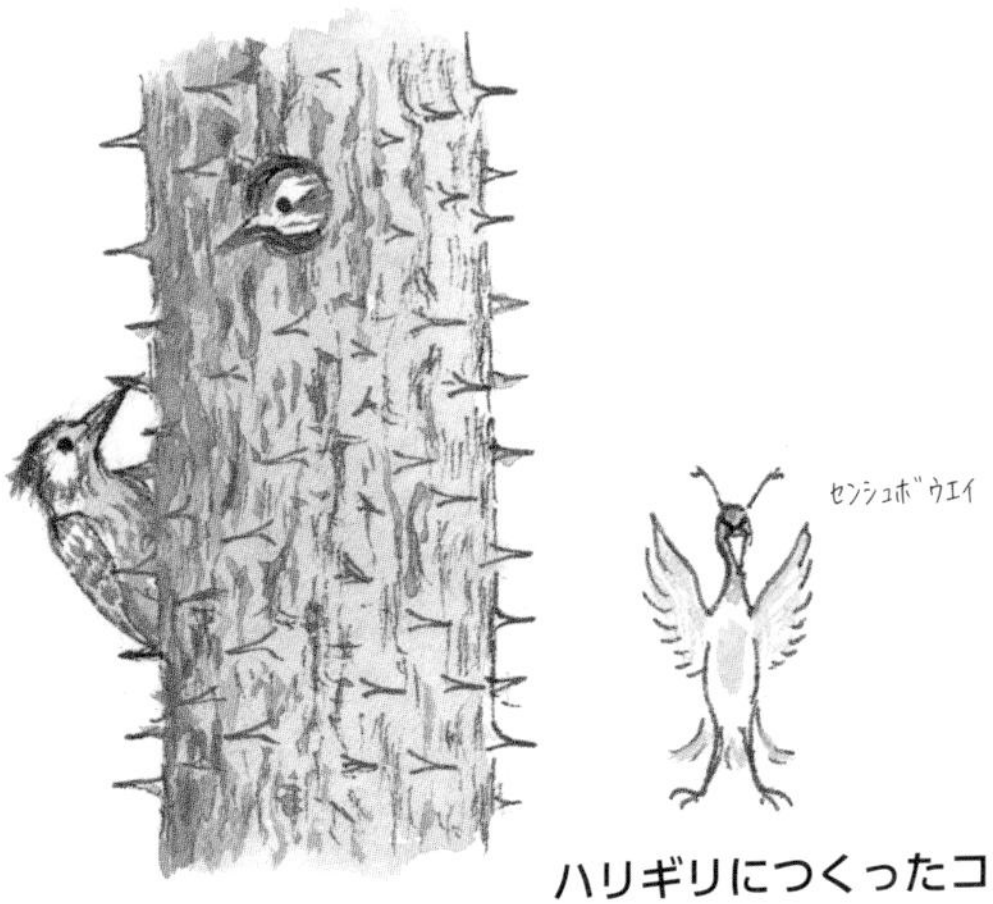

ハリギリにつくったコゲラの巣

を差し込み、アリなどをなめとるのだ。

色々なキツツキの巣づくり

コゲラはJapanese Pygmy Woodpeckerというように、日本のキツツキで一番小さい。全長は約十五センチである。ビィービィー鳴きながら、木の幹をツツツ、ツツツと回って登っていく、かわいらしい鳥だ。体が小さいため、巣の穴はアオゲラより小さく約三センチ。深さは約二十センチ。

ある時、コゲラが庭のはずれのハリギリの木に巣をつくった。外敵が近づけないように、とげのある木につくったのだ。とげに守られてとても安全そうだ。ホオジロの中間である

ノジコもとげのあるミカンの枝の間に巣をつくったことがある。卵を守るために外敵の近づかない場所につくりたいという思いは同じなのだ。南米にはサボテンに巣をつくるサボテンゲラというキツツキもいる。

ちなみにキツツキなど、穴の中を巣にする鳥より、野山に椀型の巣をつくる鳥のほうが巣立ちまでの日数が少ない。

実は巣づくりの革命児

そもそも、キツツキの仲間が、どうして木を掘るようになったのだろうか？　その謎を解明するには、鳥の巣づくりの歴史を振り返る必要がある。

卵を安全な場所で産みたいという行動

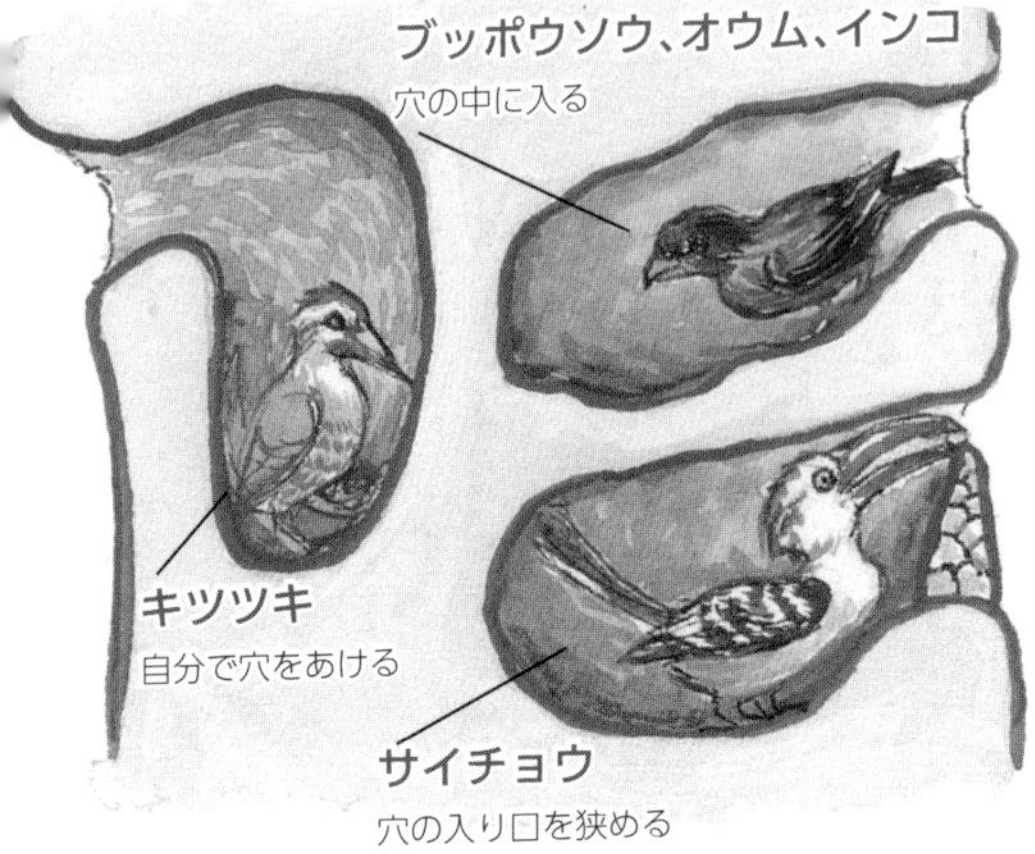

約六千六百万年前、巨大隕石が現在のユカタン半島付近に衝突したのが、このあとの鳥類の繁殖形態を劇的に変える大きな要因となる。この時、恐竜を含め地球上の約七十五パーセントの生物が死んでしまった。

　わずかに生き残った小型恐竜から進化した鳥類は、そんな惨憺《さんたん》たる状況でも繁殖しようと新たな場所を探した。そして地上ではなく、崩れてできた穴の中や、裂けた木の洞の中などを巣にして卵を産むようになったのがフクロウやブッポウソウの仲間だ。また、入り口が広すぎると感じ、狭めはじめたのがサイチョウだ。逆に穴の空間が狭いと思った鳥が、つついて広げるようになっていった。さらに、穴を探すのではなく、自ら何もない木の幹に穴を掘り、自分が入れる空間をつくるようになっていったのがキツツキなのだ。

この自分の体に合う空間を自らつくるということが、このあと、広すぎれば巣材を入れて体に合う大きさの巣をつくるようになることにつながった。ちなみに、木ではなく崖に穴を掘るようになったのがカワセミの仲間である。その後、穴から出て、同じ広さの枝の分かれ目などに巣をつくる場所を獲得していき、木の上、枝先など巣づくり場所がさらに増え、多様な巣づくり行動へつながり、小鳥たちの爆発的な増大へとつながるのだ。

キツツキが木に穴を掘るというのは、自らの行動で巣という空間をつくり始めたという画期的な行動だったのである。

このあと、次第に恐竜は数を減らして結果的に絶滅し、鳥類はさらに多様な巣をつくり繁栄して現在に生き延びていくのだ。現在存在する多種多様な巣の形は、多様な環境への適応だけでなく、環境が激変し過酷になる中で、卵とヒナの命を守ろうと、巣づくりしていった長い時間の流れの産物なのである。

山の奥からコツコツ、コツコツと木をつつく音が聞こえると、同じモノづくりをするものとして嬉しくなる。

「恐竜から鳥へ」巣の形の変遷図

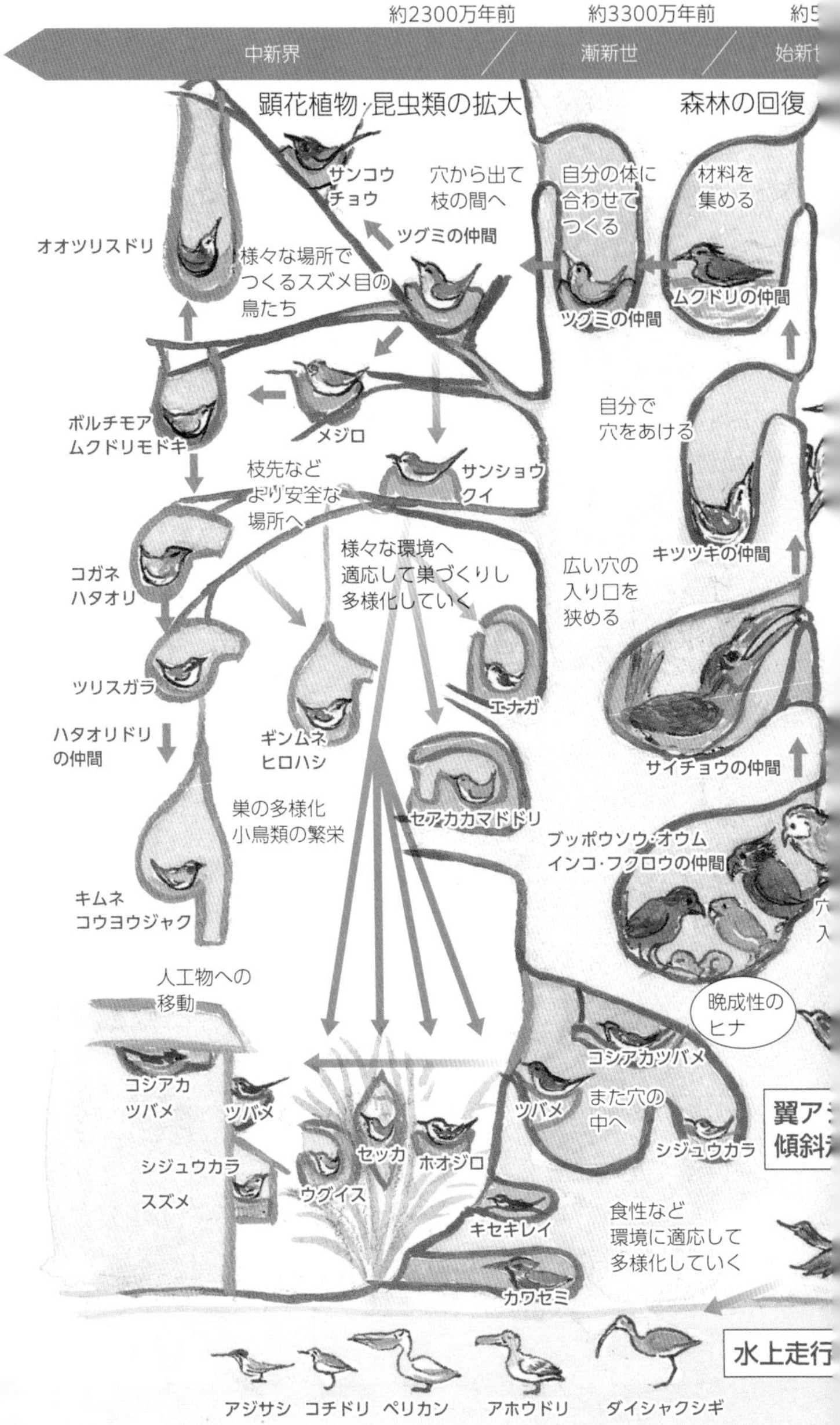

約2300万年前
約3300万年前
約5
中新界
漸新世
始新世
顕花植物・昆虫類の拡大
森林の回復
サンコウチョウ
穴から出て枝の間へ
自分の体に合わせてつくる
材料を集める
オオツリスドリ
ツグミの仲間
様々な場所でつくるスズメ目の鳥たち
ツグミの仲間
ムクドリの仲間
メジロ
ボルチモアムクドリモドキ
自分で穴をあける
枝先などより安全な場所へ
サンショウクイ
コガネハタオリ
様々な環境へ適応して巣づくりし多様化していく
キツツキの仲間
広い穴の入り口を狭める
ツリスガラ
エナガ
ハタオリドリの仲間
ギンムネヒロハシ
サイチョウの仲間
巣の多様化小鳥類の繁栄
セアカカマドドリ
ブッポウソウ・オウムインコ・フクロウの仲間
キムネコウヨウジャク
人工物への移動
晩成性のヒナ
コシアカツバメ
コシアカツバメ
ツバメ
ツバメ
また穴の中へ
シジュウカラ
セッカ
ホオジロ
シジュウカラ
ウグイス
スズメ
キセキレイ
食性など環境に適応して多様化していく
カワセミ
水上走行
アジサシ
コチドリ
ペリカン
アホウドリ
ダイシャクシギ

フクロウ

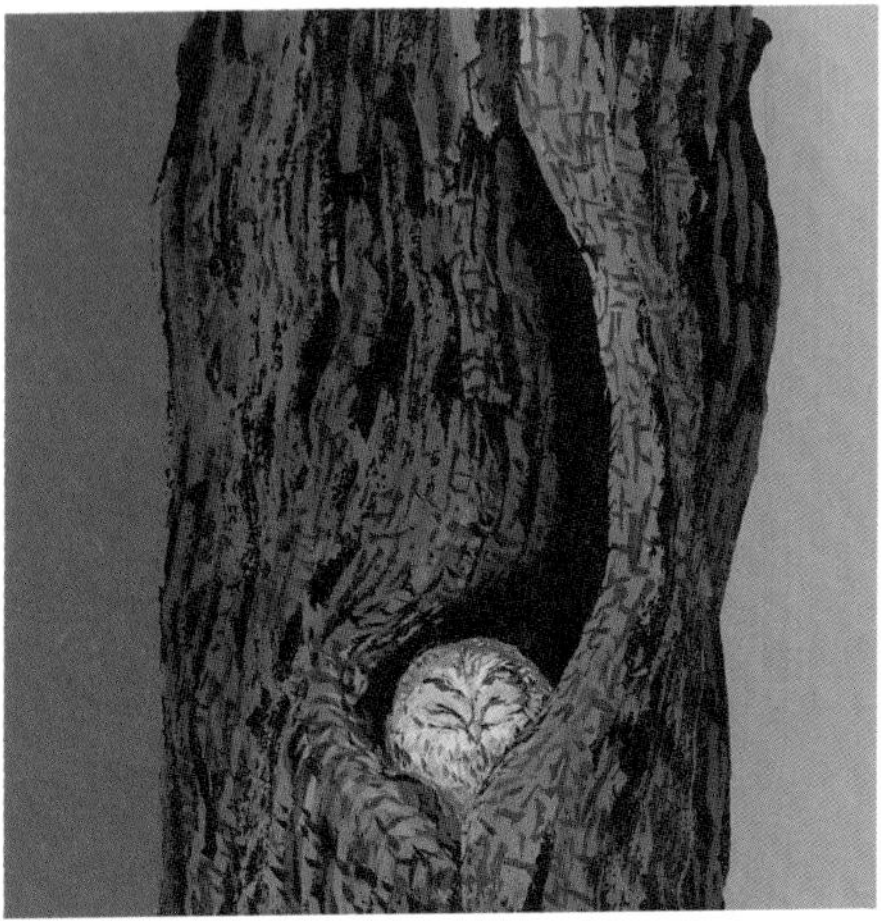

学名 *Strix uralensis*

英名 *Ural Owl*

分類 フクロウ目フクロウ科
フクロウ属

全長 約60cm

巣の場所 樹洞・ワシやカラスなどの古巣・人家の屋根裏・地上の穴など

巣の材料 巣材を持ち込むことはない

特徴 ほぼ日本全土に住み、留鳥。低地から亜高山体（標高1700 ~ 2500m）まで、落葉広葉樹林、針葉樹林などに住む。夜行性でネズミ類などの小型の哺乳類、鳥類などを食べる。

実物大の卵

※長径約47mm×短径約39mm（個体差アリ）

フクロウの巣の場所

大木の洞の巣

ある日の夕方、林の中を大きな鳥が飛んでいった。シルエットからフクロウだとわかった。夜、暗い山から「ホーホー」と鳴く声は聞こえるが姿はなかなか見えない。明るい時に見たのは初めてだった。

フクロウは普通、大木の洞の中を巣にする。ワシやタカなど猛禽類の古巣や地上の穴、屋根裏、神社の軒下や巣箱を使うこともある。筆者もフクロウ用に大きな巣箱をつくったことがある。シジュウカラの三倍くらいの大きさにしたのだが、アオゲラが穴をあけてしまったせいか使われなかった。

フクロウの巣の歴史

初期の猛禽類は現在のタカ目であった。それが前述したように、巨大隕石衝突後、大木は折れ惨憺たる状況となり、それまでのように樹上に巣がつくりにくくなってしまった。

そこで、折れたり裂けたりした木の洞の中などに安全な場を求めたのが、のちのフクロウ目へとつながるのだ。隕石衝突の埃やチリで太陽の光が遮られたことで、暗闇の中でも生き延びるために暗闇でも狩りができるようになり、夜行性となっていったのであろう。

上の図はフクロウとオオタカだ。左ページの骨格を見ると、ほとんど同じだ。羽毛により、こんなに違うイメージになる。猛禽類の

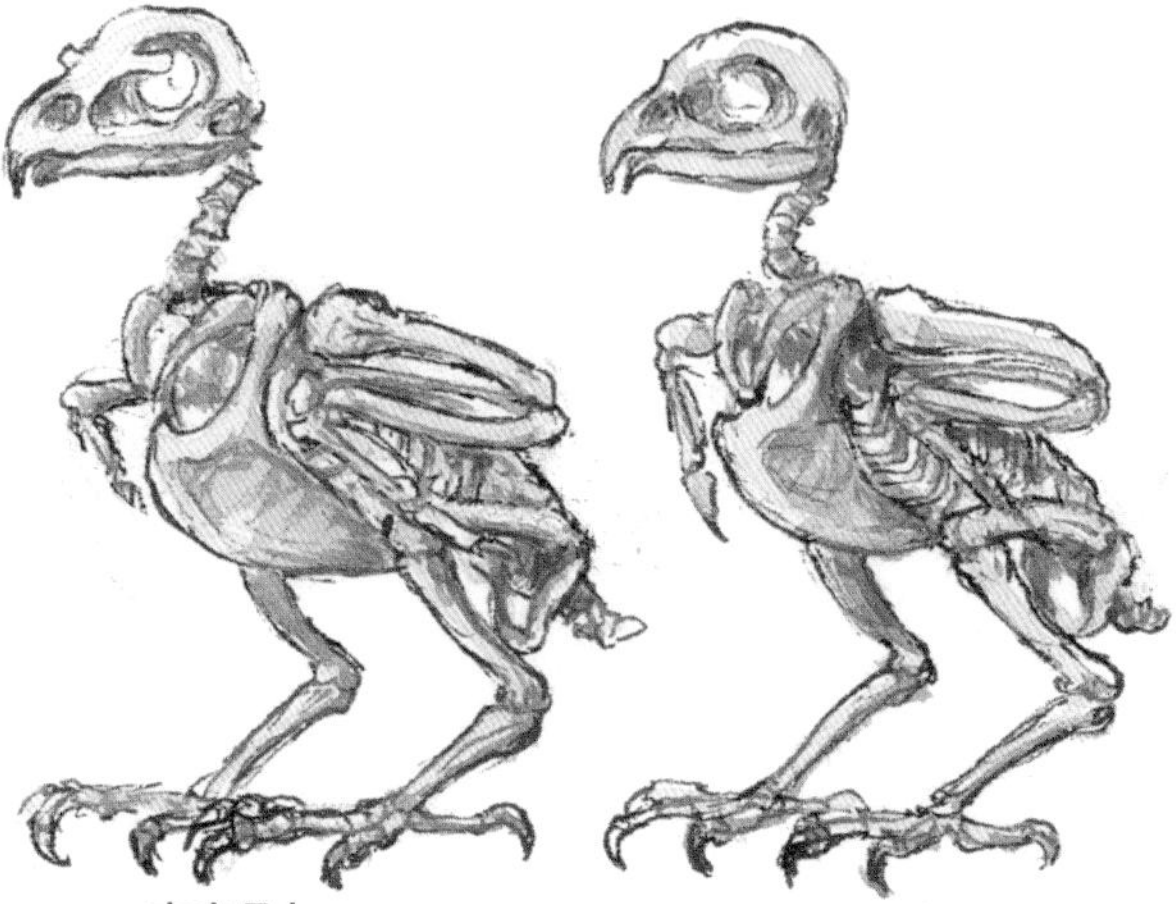

古巣を使うのも、タカ目だったことの名残で
あろう。

今までキツツキが穴を掘るのも、フクロウが穴の中を巣にするのも、そういうものだという認識しかなく、なぜそうなったのか？ということは考えられたことがなかった。だがそれは巨大隕石衝突後、卵とヒナを守ろうという強い動機があったからこその行動だったのである。

鳥の巣という観点で見ると、鳥たちの系統樹で、なぜそれぞれの種に分化していったのかが理解しやすくなると思うのだ。未だ解明されていないカッコウの「托卵」なども、巣という観点で見ると解明できるのではないかと筆者は考えている。

カワセミ

学名 *Alcedo atthis*

英名 *Common Kingfisher*

分類 ブッポウソウ目カワセミ科カワセミ属

全長 約17cm

巣の場所 水辺のそばの土の崖に、入り口の直径約5cm、深さ約60cmくらいの横穴を掘る

巣の材料 巣材は入れない

特徴 本州全土に住み、留鳥。北海道では夏鳥。川や湖などの水辺に住み、小魚、ザリガニ、エビ、カエルなどを食べる。

実物大の卵

※長径約20mm×短径約16mm（個体差アリ）

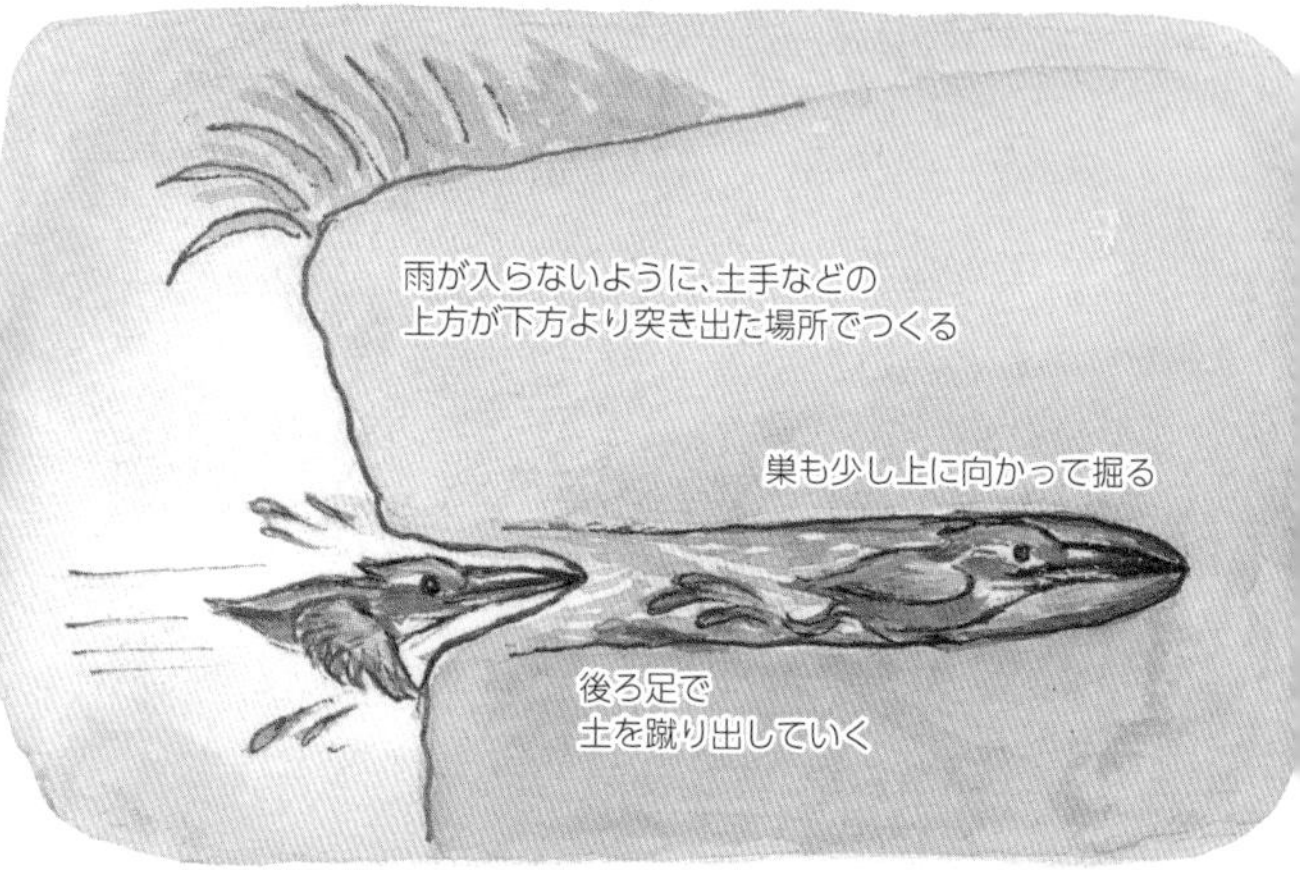
雨が入らないように、土手などの
上方が下方より突き出た場所でつくる
巣も少し上に向かって掘る
後ろ足で
土を蹴り出していく

カワセミの巣づくり

大きなくちばしを持つ理由

カワセミはセルリアンブルーの美しい色の鳥で、バードウォッチャーの憧れの的だ。

前述の巨大隕石衝突後、崖などに巣づくり場所を求めたのが、カワセミの仲間だ。巣は雨が入らないように、水辺の土手などの上方が下方より突き出ているところに、オスメス共同で穴を掘る。小さな体に見合わない、大きなくちばしがカワセミに備わっているのは、この巣づくりが関係している。太いくちばしをつるはしのようにして、土手に体当たりして掘り進んでいくのだ。

少し話は逸れるが、つるはしとはツルのくちばしという意味を持つ。これに限らずヘラ

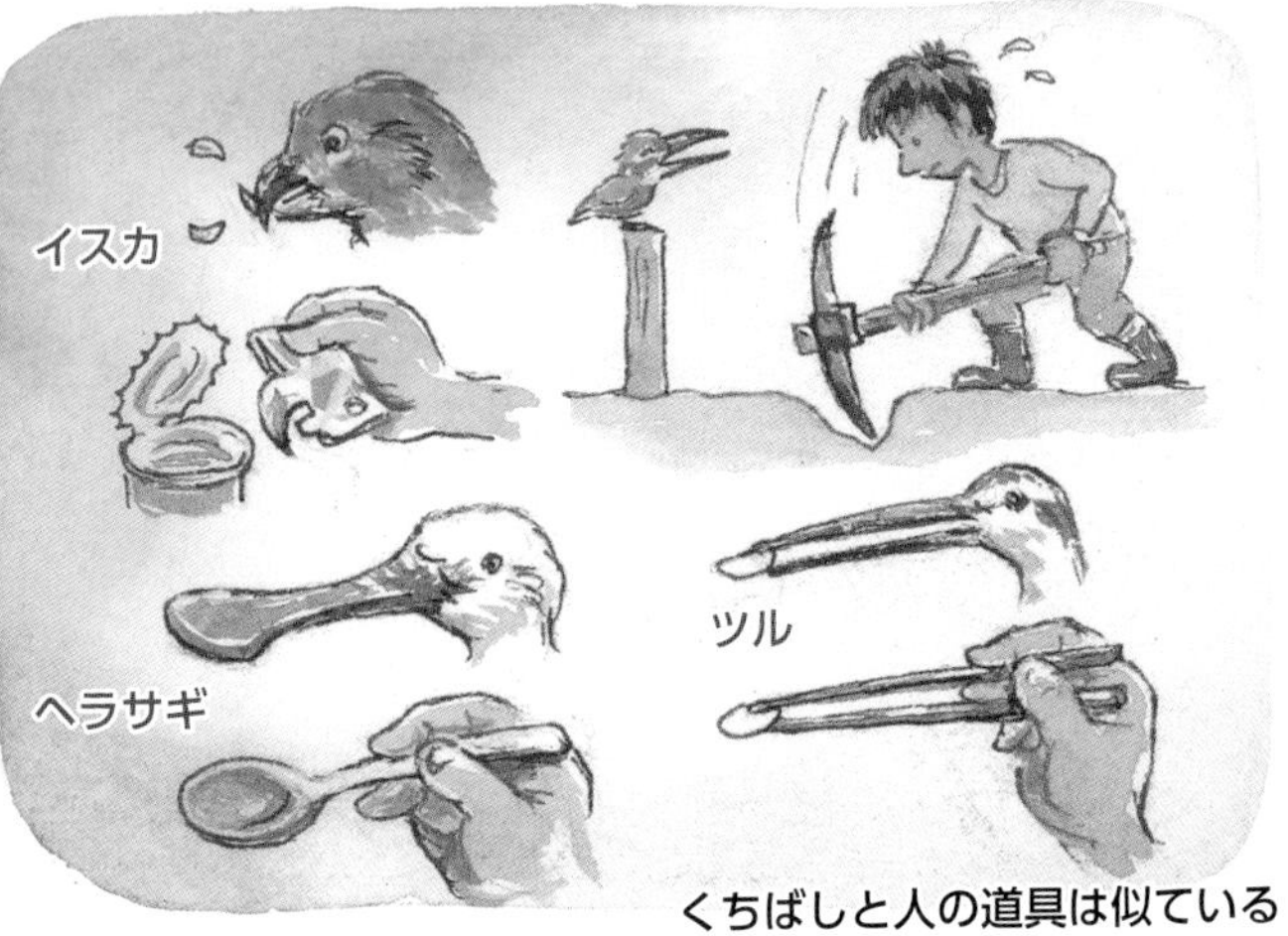

くちばしと人の道具は似ている

サギ（英語名はWhite Spoonbill）やイスカの食い違ったくちばしなど、昔の人間は鳥のくちばしを模して、はしやスプーンなど様々な道具をつくったのだろう。

とても重労働な巣づくり

外敵に入られないよう穴の直径は約五センチ。自分が通れるだけの寸法のため、Uターンはできない。掘った土はそのままバックして、足で後ろに蹴り出す。三本の指はくっついており、スコップのような役割をする。

体に泥がつくため、川に飛び込み泥を洗い流しながら穴を掘り進む。入り口から約五十ら六十センチ掘り進むと卵を産む産座部分に

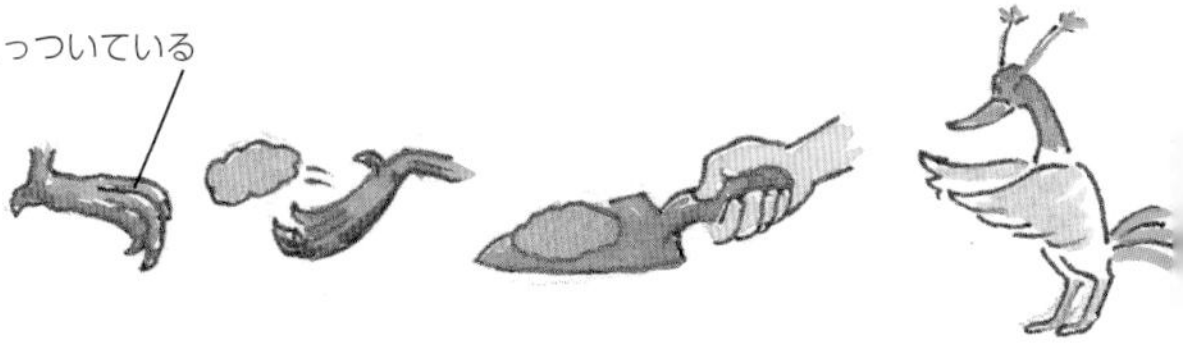

「合趾足（ごうしそく）」といって、第2.3.4趾（あしゆび）が
基部でくっついているため、スコップの
ように、土を蹴り出しやすい

なる。産座までは微妙に高くなり水が入り込まないようになっている。一番奥は少し空間が広くなっているため、向きが変えられるようになる。卵から生まれたヒナが小さいうちは、奥で向きが変えられるが、ヒナが大きくなってくると、変えられない。バックで出てきて、反転して飛び立つ。巣から顔から出てくるか、尾羽から出てくるかで中のヒナの成長がわかるのだ。

　獲った魚も穴の壁にぶつからないように、魚の頭が先で尾が親側になるよう縦にくわえて入っていく。ちなみに、最近は排水溝などの中を巣にするカワセミも増えているそうだ。

ヤマガラ

学名 *Poecile varius*

英名 *Varied Tit*

分類 スズメ目シジュウカラ科
ヤマガラ属

全長 約14cm

巣の場所 樹洞·キツツキの古巣·孟宗竹の中·巣箱など

巣の材料 大量のコケ。産座には動物の毛など

特徴 ほぼ日本全土に住み、留鳥。シイ、カシ、ドングリなど木の種子を好む。ガの幼虫やクモなども食べる。

実物大の卵

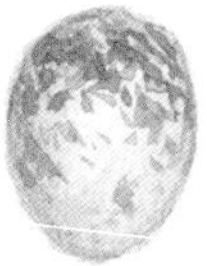

※長径約18mm×短径約14mm（個体差アリ）

シジュウカラ

学名 *Parus major*

英名 *Great Tit*

分類 スズメ目シジュウカラ科
シジュウカラ属

全長 約14cm

巣の場所 樹洞·キツツキの古巣·巣箱·ちょっとした空間など

巣の材料 大量のコケ。産座には動物の毛や綿のような物など

特徴 ほぼ日本全土に住み、留鳥。低い山の落葉広葉樹林や針葉樹林、木々の多い住宅地などに生息。虫の幼虫や成虫、クモ、植物の種子、果実なども食べる。

実際の卵

※長径約17mm×短径約13mm（個体差アリ）

ヤマガラと巣箱

ヤマガラもシジュウカラも、本来は太い木の洞やキツツキが掘った穴の中にコケなどを入れて巣をつくる。しかし、人が住宅開発などで林の木を切ってしまい本来の巣づくり場所が減ってしまったので、そのお詫びとして、木の箱を作って細い木に取りつけたのが巣箱だ。だから巣箱というと、どんな鳥も入ると思っている方がいるが、まったくの間違いで、今回この本で取り上げた、三章の木につくる鳥や五章のやぶの中や地上に巣をつくる鳥などは絶対に巣箱には入らないのだ。

筆者が山の中に住みだして、最初の冬のことだ。外で野良仕事をしていると、木の上からヤマガラが「ビィービィー」と筆者を呼ぶように鳴いた。どうも「巣箱をつくれ」といっているように聞こえる。そこで、巣箱をつくり、家の窓から見える木に登って取りつけた。すぐ一羽のヤマガラが来て、アチコチつついたり、巣箱の穴の中を見たりしている。で き具合を点検されているようで、ドキドキした。

近くの枝に、もう一羽来た。巣のことを勉強するようになり、あとからわかったのだが、最初に来たのがオスだ。オスは気に入ったのか枝にとまるメスに、何か知らせるように穴

の入り口にとまって合図する。「この物件いいよ」と不動産屋の前で話す人間の夫婦のようだ。

その後、商談が成立したのか穴の中にコケなどを入れ始め、巣づくりを開始。以後、毎年巣箱をつくるようになった。我が家の近辺ではシジュウカラとヤマガラが住んでいて、どちらも巣箱に入って繁殖するため、毎年五〜七個くらいの巣箱をつくり、家の周りや、山のあちこちにつけている。

人が見ていると親鳥は巣箱には入らない。しかし、窓を閉めた車の中だと気配を感じないのか観察ができることがわかり、以後は車の中で観察するようになった。コケ運びのあと、しばらく静かなのは卵を温めているのだ。

抱卵は約二週間。

卵からヒナが孵ると、次はエサやりとフンの始末になる。イギリスの学者の記録では、シジュウカラは一日に八百回もエサやりに巣箱に出入りするそうだ。エサをくわえて巣箱に入り、フンをくわえて出ていく。

たまに親がものすごい警戒音で鳴くことがある。アオダイショウなどの天敵が襲ってくるのだ。時々親は穴から下を見ていることがあるが、ヘビが来ないか見張っているのだ。

その後、運よく巣立ちを見られた。元気な子は、どんどん巣箱から飛び出していくが、そうでない子もいる。親は、いつものようにエサをくわえてくるが、穴の入り口にとまり、ヒナに見せると、近くの枝に行ってしまう。ヒナは、どうしてエサをくれないのかと穴から顔を出す。親は翼を羽ばたかせ飛ぶように促すのだ。親は何度も巣の入り口に行き、エサをみせびらかし、外に出るよう誘う。空腹に耐えかね、ようやく巣立ったヒナは、落ちるように親のいる茂みの枝に着陸、親からエサをもらう。あとは親について少しずつ飛ぶ力がついていき、二〜三日もすると親と一緒に茂みの中を飛びまわれるようになるのだ。

巣箱の中は安全だが、一度襲われると逃げ場がなく食べられてしまう。親としては飛べるようになったら、外のほうが安全ということがわかっているため、エサをやらず、なん

とが巣立つようにする。生命をかけたシビアな子育てである。ここで「この子はかわいいから、ちょっとだけなら……」とエサをあげてしまうと、その子は閉じこもってゲームばかりしてニートになってしまう……のが人間の世界で、自然界では、そういうことは起こらない。

シジュウカラと巣箱

こうして何年も巣箱をつけていたのだが、巣箱の中でどんなことをしているのか、もっと知りたくなり、ある変わった巣箱をつくった。背面に板をつけず、直接窓に取りつけた巣箱だ。

背板をつけず
窓にペッタリくっつける
窓
外
室内
紙を貼り、小窓から
見られるようにする

二階の窓の外にテープでしっかり取りつけ、室内側は紙を貼り、開閉できるように小さな窓をつくった。室内は暗くして、窓を開けると巣箱の中が見られ、巣箱からはこちらがわからないつくりだ。

かくして、待つことしばし……。ある日、室内で仕事をしていると、巣箱のほうからコトコトと音がする。そーっと見ると、巣箱の中に少しコケが入れられていたのだ。それからコケは連日増えていき、ある日小さな宝石のような卵が一つあるではないか！

そして翌日また一つ……と増えていき、七日目、親鳥が抱卵を始めていた。ガラス越しとはいえ、やはり、何か気配を感じるようだ。抱卵中は一番神経質になり、抱卵をやめて卵を放棄することもあるので、二週間は見ることをやめた。

　そして二週間後、そっと小窓のわずかな隙間から見ると、丸裸の小さなヒナが固まっていた。羽が生えていないため、メスはつきっきりで温めている。オスがエサをくわえてきてメスに与えると、メスはそれをヒナにあげるのだ。

　エサを食べたヒナのおしりから白くて丸いものが出てくると、親はそれを食べてしまう。白い袋にフンとオシッコが入っているのだ。最初は食べるが、しばらくすると外に捨てに行くようになった。だから巣の中はいつもきれいに保たれている。早朝見ると、メスは入り口にとまりオスが来るのを待っている。おなかが空いているようだ。

　ヒナに少し産毛のようなものが生えてくると、メスも外にエサを探しに行くようになる。オスメス両方が頻繁にエサを運び、フンをくわえて外に飛び出していく。オスはパッと入ってきて、パッと出ていくのに対し、メスのほうはヒナの下に潜り込んでヒナのおしりをきれいにするなど細やかにヒナの世話をしているようだ。

　未熟な形で生まれるヒナだが、みるみる羽が生え、つぶらな瞳が開くと、それはかわいい顔になる。すごい勢いで首を伸ばし大きく口を広げ、親はその中にビックリするくらいの量の虫を詰め込む。そんなに入れては窒息するのではと心配になるくらいの量だ。

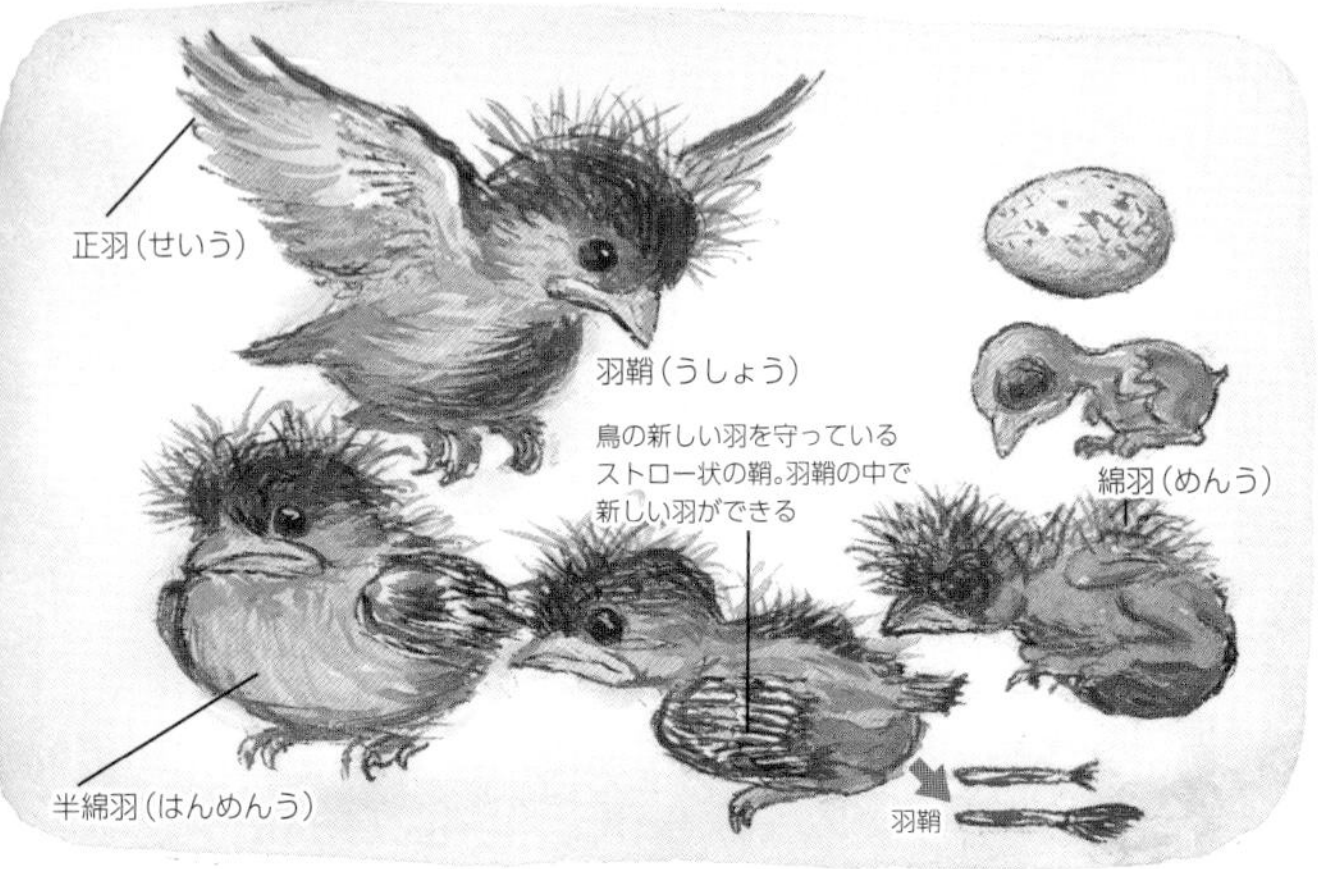

そして、その年のエサの量で成長する速度は違ってくるが、だいたい二週間程度でしっかりした翼になり、巣箱の中で羽ばたいたり、羽づくろいを始めたりする。そしてピョンピョン跳ねだし……朝見ると一羽もいなくなっている。無事巣立っていったのだ。

巣立ったあとの巣箱を外し、中のコケの巣を取り出し、きれいにしてまた窓につける。年によって二度繁殖することもあるし、別のシジュウカラが繁殖することもある。

巣箱をつくるとき

余談になるが、せっかくなので巣箱をつくる際の留意点に少し触れておきたい。

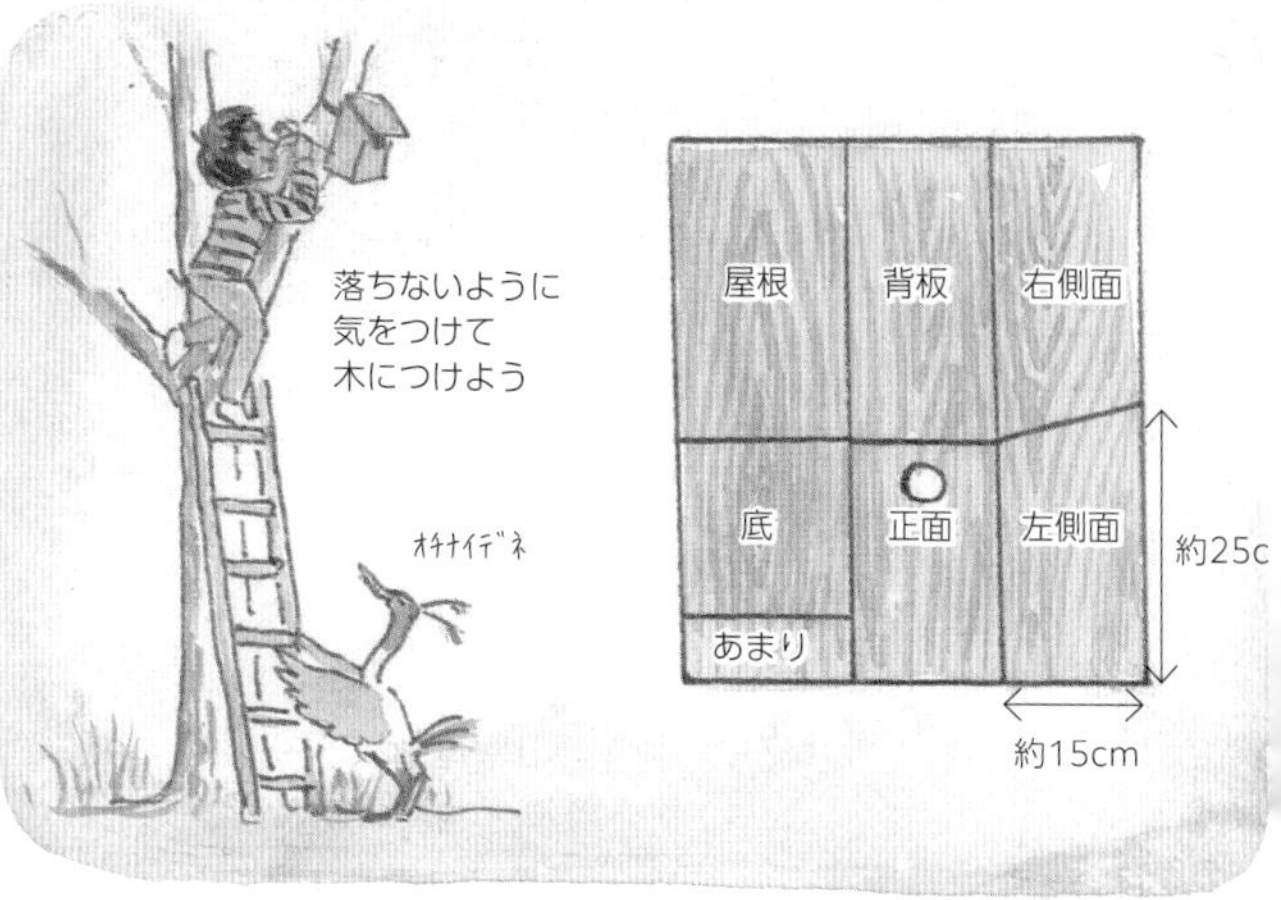

まずは巣箱の穴の大きさだ。穴が大きすぎては、カラスなどに襲われやすくなってしまう。当然、小さすぎたら入れない。シジュウカラ、ヤマガラだと、約三センチ弱でよい。

次に巣箱のつけ方。つける木の種類は気にしなくてよい。ただ幹が傾いている場合、入り口の穴から雨が入らないように傾きは気をつけよう。そして一番気をつけなければいけないことは、巣箱をつけるとき、人間が木から落ちないことだ。くれぐれも注意してほしい。

巣箱を取りつけたら、なるべく近づかず、そっと見守ろう。鳥は人の行動をよく見ている。窓を閉めて室内から見るようにしよう。

オオルリ

学名 *Cyanoptila cyanomelana*

英名 *Blue-and-white Flycatcher*

分類 スズメ目ヒタキ科オオルリ属

全長 約16cm

巣の場所 川のそばの石の間·木の根本·人工物の隙間など

巣の材料 コケ。産座には細い根·コケのさく柄·リゾモルファーなど

持徴 春、東南アジアからやってくる夏鳥。渓流のそばに住み、Flycatcherという名前の通り飛んでいる昆虫を食べる。

実物大の卵

※長径約21mm×短径約16mm（個体差アリ）

ふっくらとしたアンパンのような巣

オオルリは青と白の美しい鳥で、ウグイス、コマドリと共に、さえずりが美しいことで日本三鳴鳥の一つに数えられている。毎年東南アジアから渡ってきて、庭の木のてっぺんの目立つところでさえずる。春、「ピールーリー」というオオルリの声を聞くと、「あっ、渡りの季節になったか」と思う。

巣は川のそばの苔むした岩の隙間や人家のひさしの上などにつくる。コケでできた、ふっくら緑色のアンパンのような巣で、産座にはコケ類のさく柄や細い根などが使われている。渓流沿いの苔むした岩に擬態して溶け込むようにというか、自然に盛り上がってできたもののようだ。以前見つけた石灯籠の中にあった巣は、これ以上ないというくらい、周囲とみごとに一体化していた。

テリトリーを守る派手な色のオスのさえずりを聞きながら、地味で目立たない色のメスは抱卵する。地味といっても渋い美しさだし表情も優しい。孵化したヒナも茶色と黒のまだら模様の羽が生えて目立たない。親がエサを探しに行っている間は産座にぺっちゃりとうずくまり、じっとしているのでどこにいるかわからない。

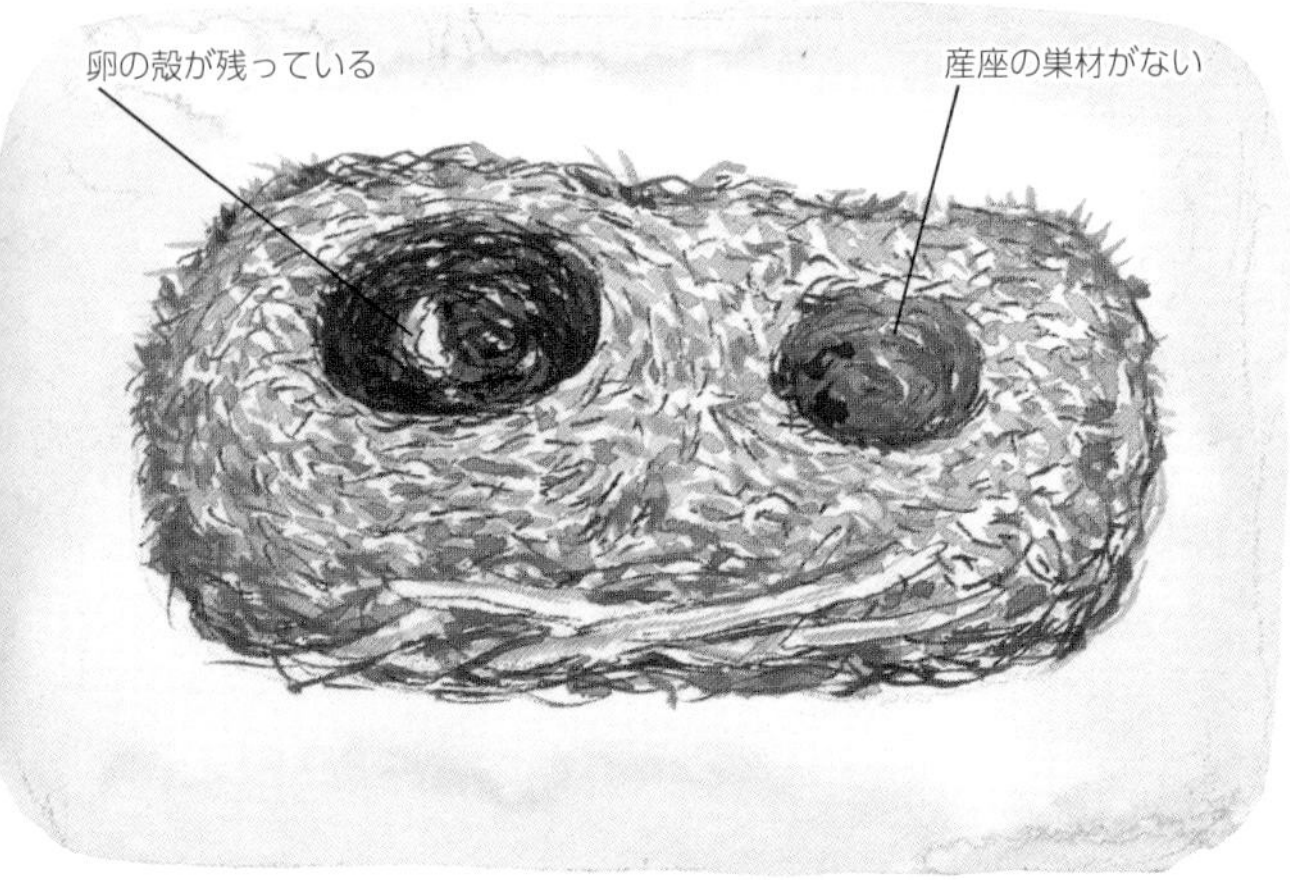

ある年、子どもとボール遊びをしていたら、ボールが川に落ちてしまったので取りに行った。ふと見ると橋げたの上にコケが見える。はしごを持ってきて登ってみたら、オオルリの巣があった。それも二つくっついたなんとも珍しい形だ！

これはセグロセキレイのところでも書いたが、巣の完成間近でアクシデントが起こり放棄してしばらくして、また新たにつくったのだろう。アメリカの世界一鳥の巣を保管してある博物館にも同じ形の巣があった。どの鳥も巣づくり初期は神経質なのだ。

「フライングキャッチ」の名手

ヒナが孵化するとオスメス一緒にヒナにエサ運びをする。英語名がBlue and white Flycatcherという通り、空中で急旋回して渓流から羽化した虫をうまいこと捕まえる。飛翔捕食、「フライングキャッチ」と呼ばれている。しかしヒナのエサは青虫類が多いので、草むらで青虫を取ることもしているのだろう。

キセキレイ

学名 *Montacilla cinerea*

英名 *Gray Wagtail*

分類 スズメ目セキレイ科
セキレイ属

全長 約20cm

巣の場所 川のそばの石の間･人工物の隙間など

巣の材料 枯草･根･樹皮。産座には動物の毛･羽毛･綿など

特徴 ほぼ日本全土に住み、留鳥。水辺に住む。山の渓流や清流で虫、カワゲラ、トビケラなどをフライングキャッチして食べる。地上を歩きながら虫も食べる。

実物大の卵

※長径約19mm×短径約15mm（個体差アリ）

平たく繊細な巣

キセキレイは名前の通り、胸から腰にかけての黄色の模様が特徴的な鳥だ。春になると屋根の上で元気にさえずる姿がよく見られる。

本来は土手が崩れてくぼんだ雨の当たらないところや、川辺に生える木の根や岩の隙間などに巣をつくる。人家のひさしの隙間や石垣などにもはめ込むようにつくるので、平たい形をしている。

セグロセキレイ、ハクセキレイに体型は似ているが、小さく細い分、巣も小さく、材料も細やかだ。地上をトコトコ素早く歩いて巣材を拾って飛び立っていく。巣の外装はオスメスでつくり、内装はメスがつくる。巣材は枯草や木の細い根を集め、産座には動物の毛をよく使う。とても細やかで気持ちよさそうだ。

巣は川の近くにつくられることが多いので、ヒナのしたフンは川に捨てる。そのため、産座が汚れているということはない。

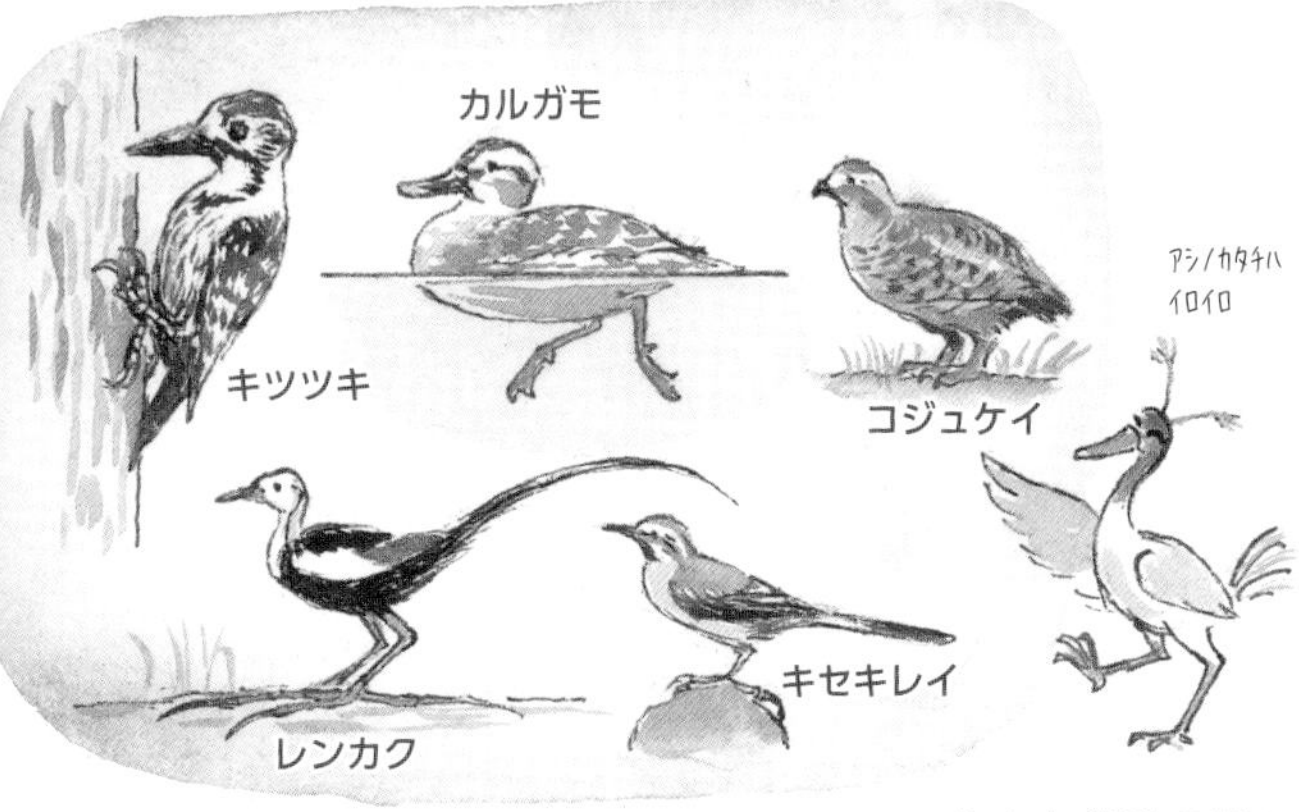

色々な後趾の違い

住む場所に合った足の指の形

水辺に住み、渓流の岩などにとまって、虫をフライングキャッチしたり歩いたりするせいか、足の指の形が木の枝にとまるような鳥とは違う。多くの鳥は足の指は四本で、そのうち一本が後ろを向いていて「後趾《こうし》」と呼ぶ。キセキレイはその爪が長いのだ。渓流の中の岩などは滑りやすいが、流されたり滑ったりすることなく、岩の上で尾羽をピコピコふっている姿をよく見る。

キセキレイの絶好の巣づくり場所

昔は、キセキレイがよく巣づくりした石を

リースの中のキセキレイの巣

積んだ石垣と呼ばれる壁がよくあったが、最近は少ない。現在は逆に物流倉庫など増えて、フォークリフトが荷物を運ぶときに使うパレットが敷地のはずれなどに積まれている。パレットの隙間は十センチくらいなので、キセキレイには絶好の巣づくり場所になっている。ちなみにオスはテリトリー意識が強く、車のミラーに映る自分の姿をライバルと思い攻撃するので、その時期にはミラーにカバーをかけねばならない。

　ある時、家の玄関の上に飾っていたクリスマスリースと壁の隙間に巣をつくってくれた。キセキレイを含むセキレイ科の鳥によくみられる、羽ばたいて空中で同じ場所にいるホバリングの様子が室内からよく観察できた。

キビタキ

学名 *Ficedula narcissina*

英名 *Narcissus Flycatcher*

分類 スズメ目ヒタキ科キビタキ属

全長 約14cm

巣の場所 木の洞・キツツキの古巣・木の裂け目・巣箱など

巣の材料 落葉樹の枯葉・枯草・コケ・細い根など

特徴 4月頃に東南アジアからやってくる渡り鳥。低山帯から亜高山体までの常緑樹林、雑木林、針葉樹林に住む。昆虫だけでなく秋には果実も食べる。

実物大の卵

※長径約18mm×短径約14mm（個体差アリ）

森のカプセルホテル

森のカプセルホテル

キビタキのさえずりは、小さな体でどうしてあんなに聞こえるのかと思うくらい、森の中に美しく響き渡る。「森のピッコロ奏者」といわれる由縁である。体の色だけ見ると黄色と黒の派手な鳥だが、森の中では葉の陰に入ってしまい、小さく、動きも速いためなかなか見つからない。

巣は木の洞や裂け目などの中に枯葉や茎などでつくり、産座には細い根や動物の毛なども敷く。道沿いに枯れた孟宗竹《モウソウチク》があり、その裂け目から中に入ったのだろうキビタキが巣をつくっていた。竹の直径が丁度ピッタシの大きさでカプセルホテルのようだ。

別の場所で同じようにヤマガラが巣をつくっていたこともある。孟宗竹の円筒形は小鳥たちの巣づくり場所には丁度良い太さなのだ。

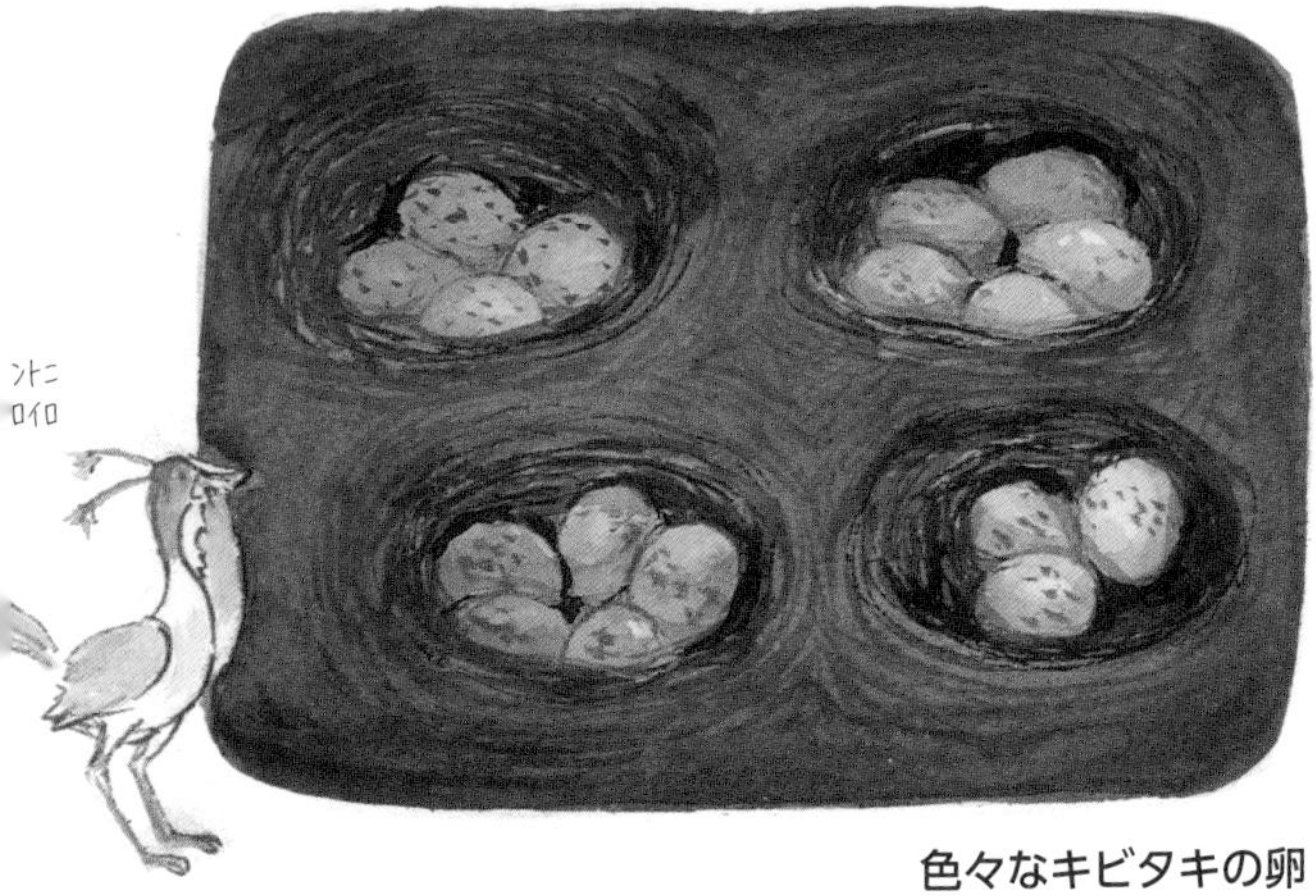

色々なキビタキの卵

キビタキの卵の不思議

卵の色や模様は、鳥の種類により決まっているのだが、キビタキの卵の地色は、薄青いのや薄緑、薄赤、白っぽいのもあるようだ。模様や斑点の濃度、大きさにも個体差がある。

椀型の巣の深さが深いと暗くなるから模様が少なくなり、浅いと外から目立たないように模様が大きくなるのかとも思うが、そんなに場所に合わせて産み分けられるとも思えな

それぞれの鳥によって安心な形が違

い　卵の色や模様なども　またまた不思議な
ことばかりだ。

キビタキに限らないが、どの鳥も巣にいるときの表情は愛らしい。これから生まれてくる小さな命のことを考えているのかはわからないが、優しい目をしている。

その鳥にとって安全で居心地の良い場所が巣だから、当然といえば当然だ。キビタキのように隙間の中の巣は、しっかりした壁に囲まれている分安心なのだろうし、メジロのように高い木の上だと、外敵が近づきにくく安心なのだろう。それぞれの鳥により安心感が違うから、巣をつくる場所も巣材も、つくり方も違うわけだ。

番外編　海外の鳥のすごい巣③

オオツリスドリ

生息地　中米（コスタリカ、グァテマラ）

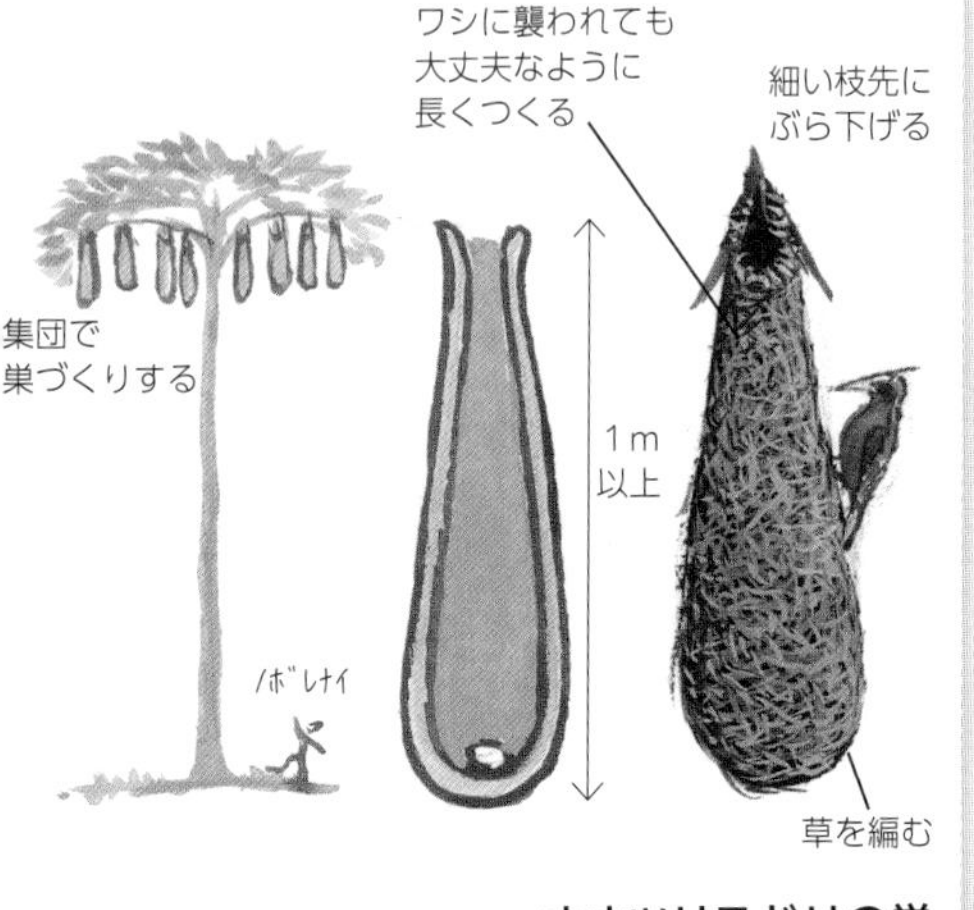

ワシに襲われても
大丈夫なように
長くつくる
細い枝先に
ぶら下げる
集団で
巣づくりする
1m
以上
ノボレナイ
草を編む

オオツリスドリの巣

サルなどが近づけない高い木の枝先に枯草、ツタなどを使い、一メートルくらいある細長い袋状の巣をつくる。集団で巣づくりするため、一本の木に三十～五十個くらいぶら下がっている。

巣づくりはメスが行う。つくり方も上から下に延ばしていき一番下を椀型にしてから筒状にしていく。

入り口は一番上にあり、卵やヒナは長い袋の下の部分にある。陸上の天敵が近づけないだけでなくワシなどに襲われても守られるようになっているのだ。

五章 やぶの中や地上につくるすごい巣

ウグイス

学名 *Cettia diphone*

英名 *Japanese Bush Warbler*

分類 スズメ目ウグイス科
ウグイス属

全長 約15cm

巣の場所 ササやぶ·茂みの中など

巣の材料 ササやススキの葉。産座には細い植物繊維を敷く。寒い地域では羽毛を入れることもある

特徴 ほぼ日本全土に住み、留鳥。ササやぶや茂みが好きで、葉の裏側に住む虫を食べる。冬には熟したリンゴやカキも食べる。

実物大の卵

※長径約18mm×短径約14mm（個体差アリ）

森の小人の家・異星人の宇宙船

日本に住む多くの人は、「ホーホケキョ」というウグイスの鳴き声を知っているだろう。しかし、ウグイスの巣を知っている人は、とても少ないだろう。筆者も鳥の巣の研究を始めるまでは知らなかった。

やぶの中でウグイスの巣を最初に見つけた時は、あまりに美しい球体に「森の小人の家」か、宇宙から飛んできた「異星人の宇宙船」かと思ったほどだ。

巣は少し細長いのもあれば、横に平たいのもある。入り口が広いのもあるし、のぞき窓のように狭いのもある。北海道のウグイスの巣は中に羽が入っていた。基本的には球体で

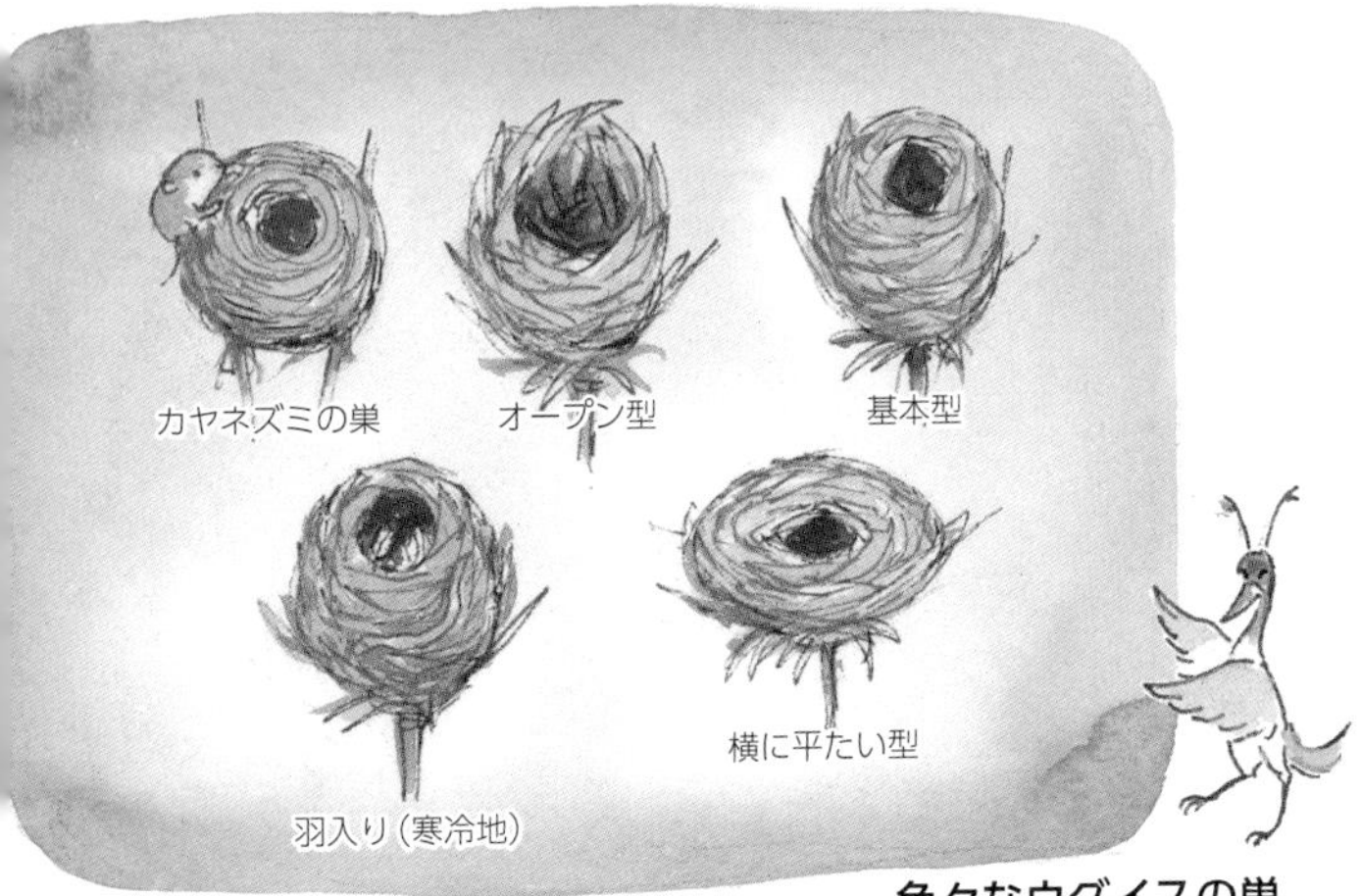

色々なウグイスの巣

横向きに入り口があるのは同じだが、地域や個体差により、多少の違いがあり興味深い。葉と葉が隙間なくぴっちり差し込まれているのもあれば、ざっくり巻きつけただけのものだったり、屋根部分も半分くらいオープン式だったりするものもある。野原に住むカヤネズミも同じような球体の巣をつくるが、もう少し小さく球体だ。

ウグイスの巣づくり

　よく梅や桜の花にいる黄緑色のメジロと間違えられるが、ウグイスはくすんだ茶色をしている。メジロは花の蜜を吸うので、明るい開けた場所にいるが、ウグイスは薮の裏など

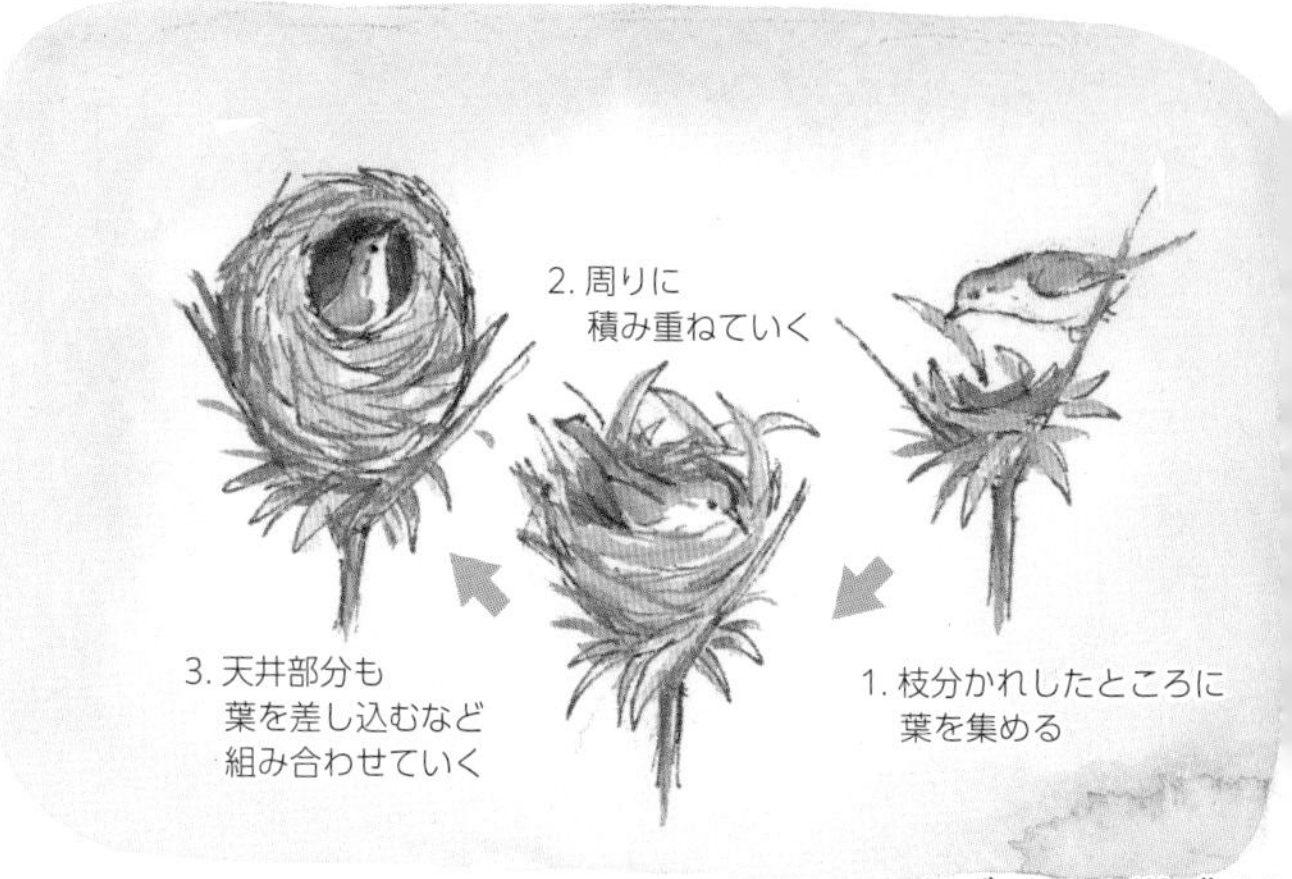
1. 枝分かれしたところに
葉を集める
2. 周りに
積み重ねていく
3. 天井部分も
葉を差し込むなど
組み合わせていく

ウグイスの巣づくり

につく虫を食べるので、下草の密生したやぶの中を好む。そのため、ウグイスのさえずりは聞いたことがあっても、姿を見たことのある人は少ないのではないだろうか。

　したがって、巣づくりを見るということもなかなかできない。しかし、先述したようにどんな鳥も巣づくり中にヘビが出たり、何か不安な事が起こったりすると、巣づくりをやめ別の場所に行ってしまう。そのような放棄された巣を見つけることにより、巣のつくる過程がわかってきたのだ。

　鳥の巣というと木の上につくるイメージを持っている方が多いのではないだろうか。しかし、ウグイスは地面に近いやぶの中に巣をつくる。枝分かれした場所に平たいササの葉やススキなど細い葉を集めてくる。その葉を曲げたり差し込んだりして自分の周りを囲っていき、巣はだんだん椀の形になっていく。やぶの中を好むようにウグイスは警戒心が強いのか、さらに上まで周りながら葉を差し込んでいく。ササの葉は曲がるので、だんだん屋根の部分ができて巣は球体になるのだ。

ウグイスの鳴き声がなぜ知られているのか

少し重複するが、日本の大半の人はウグイスの「ホーホケキョ」というさえずりを知っている。なぜ、知られているのか。実はその理由は巣に由来しているのである。

通常、鳥は巣づくりをして卵を産み、ヒナを育てる。さえずるのは巣づくりが始まる前からヒナが孵化するまで、だいたい一か月くらいのものだ。ところがウグイスはというと、早いところでは二月中旬くらいから鳴き始め、八月下旬くらいまで鳴いている。

ヒナはたくさんの虫を食べるため、基本的にはオスメス共同でエサやり、子育てをするのだが、ウグイスのオスはしない。ウグイスの巣は木の上ではなくやぶの中と書いた。それはエサにする虫が葉の裏などにいる虫で、なるべくエサを取りに行く時間を少なくするため、木の上でなく地面に近いやぶの中に巣をつくるわけだ。

しかし、地面に近いということは、当然ヘビやイタチ、キツネなどの天敵に襲われる確率も高くなる。そこで、ウグイスのオスは複数のメスと交尾して、たくさんの子孫を残そうとしているのだ。要するに一夫多妻ということだ。一羽のオスのテリトリーに七羽のメスが巣をつくっていたという記録もある。つまり、あるオスは二月中旬に鳴きだしA子さんと仲良くなり、A子さんが抱卵を始める三月には、少し場所を移動し、さえずり、今度はB子さんと仲良くなり、四月半ばにはC子さん、五月にはD江さん、六月にはE美さん…といったように、比較的長期間、日本中の至るところで「ホーホケキョ」というウグイスのさえずりを聞くこととなっているのだ。羨ましがっている場合ではない。それだけ襲われる確率が高いため、生存をかけた熾烈な営みなのだ。

もっと高いところに巣をつくり、オスメス共同で子育てすれば良いのでは……とも思うが、そうすると、他の鳥との場所争いやエサ争いになるのであろう。うまく住み分け共存しているのだ。次にウグイスの鳴き声を聞くことがあったら、「今頃はC子さんかな？」と、よりウグイスの暮らしが身近に感じられるだろう。

ホオジロ

学名 *Emberiza cioides*

英名 *Meadow Bunting*

分類 スズメ目ホオジロ科
ホオジロ属

全長 約17cm

巣の場所 茂みの中など低い場所

巣の材料 枯草･ツル･細い根など

特徴 平地の草原、川原、森林周辺の農耕地など開けた場所に生息。植物の種子を食べる。留鳥。

実物大の卵

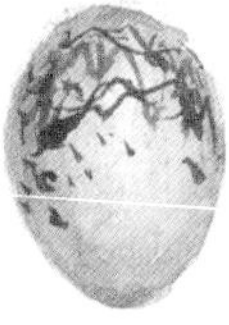

※長径約21mm×短径約16mm（個体差アリ）

枯草を使った丁寧な巣づくり

　和名の由来となった白い頬がかわいいホオジロは、典型的な椀型の鳥の巣をつくる。初めて巣を見た時、外側は細長い枯葉や根、内側の産座部分は糸状の細い繊維や獣毛が密に集められていて、内側の曲面の美しさ、その丁寧な仕事ぶりに驚いた。

　枯草でできた典型的な椀型の鳥の巣だから、見慣れない人はヒヨドリやモズの巣と同じだと思うかもしれない。だがよく見ると、ヒヨドリはもう少し巣材も集め方もざっくりしている。モズは逆にぴっちり密度が詰まっている。場所もホオジロは地上に近いやぶの中、ヒヨドリは木の上の枝の分かれ目、モズは密集したやぶの中と、それぞれぶつからないように住み分けしている。巣材の太さや密度、集める量、巣づくりの場所も違う。厳密にいうと世界中の鳥、約九千種はみな違うのだ。

巣から敵を遠ざける「擬傷《ぎしょう》」行動

同じホオジロでも巣は地上に近いところにつくられるものもあるし、少しやぶの中につくられるものもある。それは春の早い時期や初夏など、周囲の草の伸び具合に合わせて、見つからない場所につくっているからだ。地上に近いせいで襲われやすいので、卵から孵化後約十一日とすごいスピードで巣立っていく。その理由を実感することがあった。

ある日家の周囲の草刈りをしていたら、道にパッとホオジロが飛び出して、片方の羽を引きずり、もう片方をパタパタして地面を這い始めた。敵を巣から遠ざけようとする「擬傷」という行動だ。巣に気づかず草刈りをしてしまったかと思ったが、そうではなかった。道の向こうから大きなアオダイショウがニョロニョロ出てきたのだ。草刈りしていないほうの茂みの中に巣があり、ヘビが近づいたための疑傷だった。ヘビ以外にもイタチ、テンなど卵とヒナを襲うものからヒナと卵を守るため、たびたびこのような行動を取る。

春になると「ツーツピツーツピ」とススキの茎や枝先にとまりさえずっている。その鳴き声は江戸時代に刊行された『物類称呼《ぶつるいしょうこ》』にある「一筆啓上仕り候」で有名だ。地域により、横浜では「取って五粒二朱まけた」、熊本は「弁慶皿持ってこい汁すわしゅ」、大阪「源平つつじ白つつじ」などなど色々な聞き方をされているようだ。ちなみに、ホオジロをスケッチしている筆者には「チョッピリスケッチ、チョッピリスケッチ」と聞こえる。

セッカ

学名 *Cisticola juncidis*

英名 *Zitting Cisticola*

分類 スズメ目セッカ科セッカ属

全長 約13cm

巣の場所 イネ科植物の葉

巣の材料 イネ科植物の葉·クモの卵嚢《らんのう》の糸。産座にはチガヤの穂を使う

特徴 沖縄県から秋田県にかけて生息。沖縄県では留鳥。本州では夏鳥。海岸や河口の草原で、昆虫、クモなどを食べる。

実物大の卵

※長径約16mm×短径約11mm（個体差アリ）

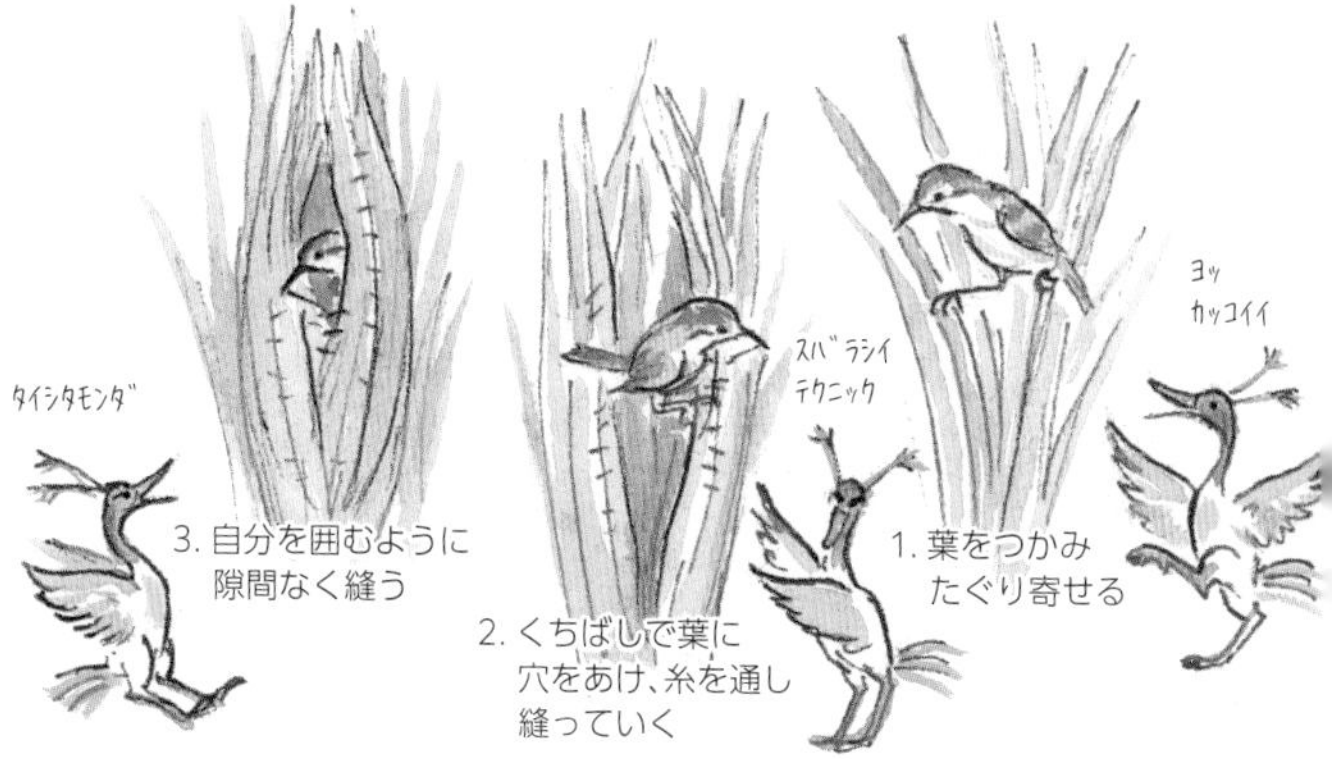
ヨッ
カッコイイ
スバラシイ
テクニック
タイシタモンダ
1. 葉をつかみ
たぐり寄せる
2. くちばしで葉に
穴をあけ、糸を通し
縫っていく
3. 自分を囲むように
隙間なく縫う

セッカの巣づくり

セッカは裁縫上手

セッカもウグイス同様一夫多妻であり、オスは巣の外装をつくるのみで、内装と子育てはメスが行う。オスは海岸や河口のそばの草原に巣の外装をつくるが、これがすごい。

オスはイネ科の葉をクモの卵嚢《らんのう》の糸で縫って筒状にする。それをメスが気に入ると、その中にチガヤの穂を袋状にした内装をつくる。チガヤの穂でできた袋はなんとも柔らかく繊細だ。

葉と葉のぎりぎりの境を縫って筒状にしているため、葉は生きたままの状態を維持している。いつまでも緑の葉に包まれ周囲に溶け込み、どこに巣があるか見つからない。「縫っ

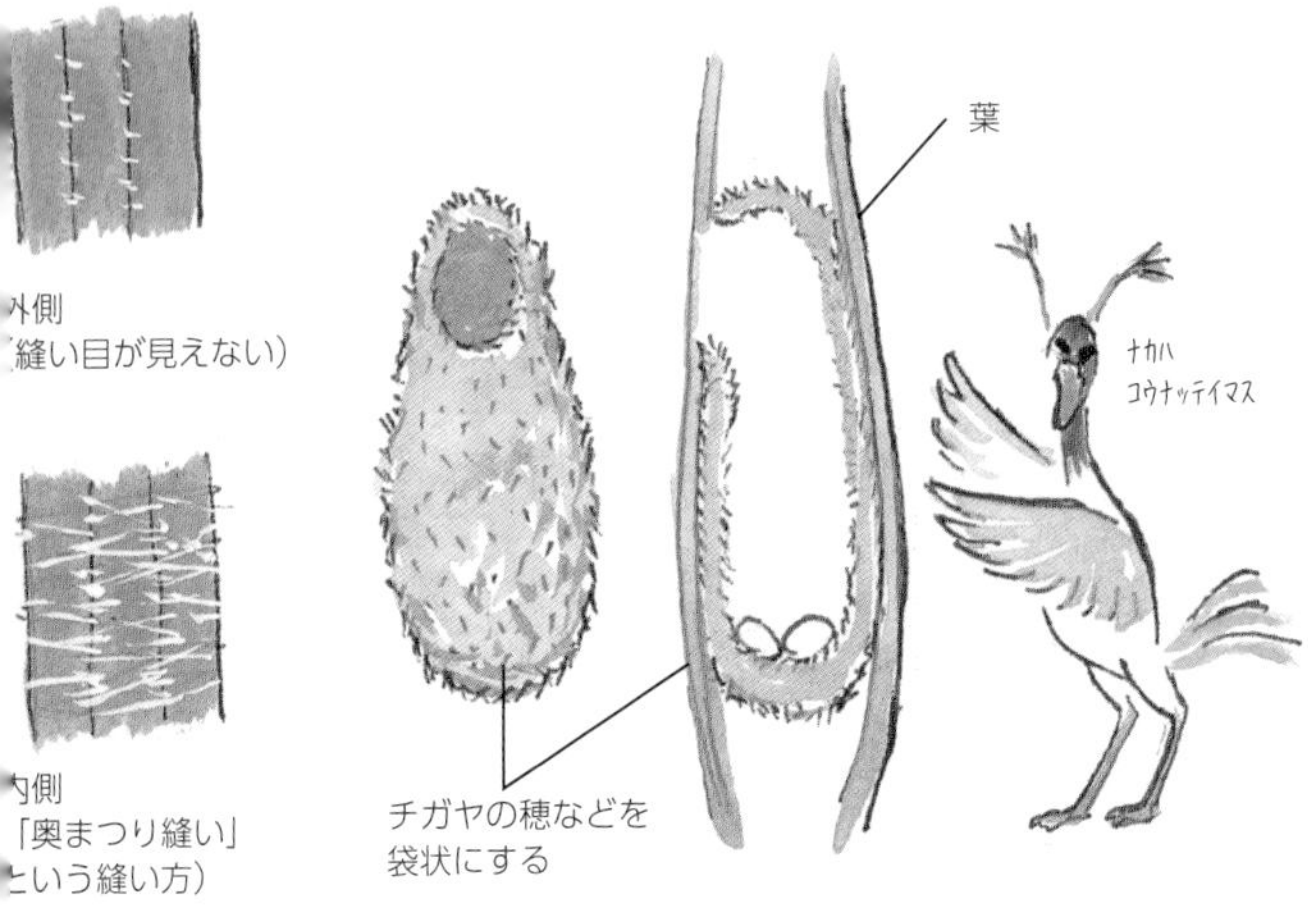

て」というが、本当に葉と葉を縫い合わせているのが見るとわかる。両足で葉をたぐり寄せ、くちばしで葉に穴をあけ糸を通し縫っていく姿は感嘆ものだ。さらに驚くのはパッチワークのように表面側には縫い目が出ないようにしているという念の入れようだ。巣の内側を見ると、無数に糸で縫った跡を見ることができる。

　このセッカの巣づくりに代表されるように小鳥たちのくちばしの細さというのが、今まで語ってきた巣づくりの巧みさにつながっている。

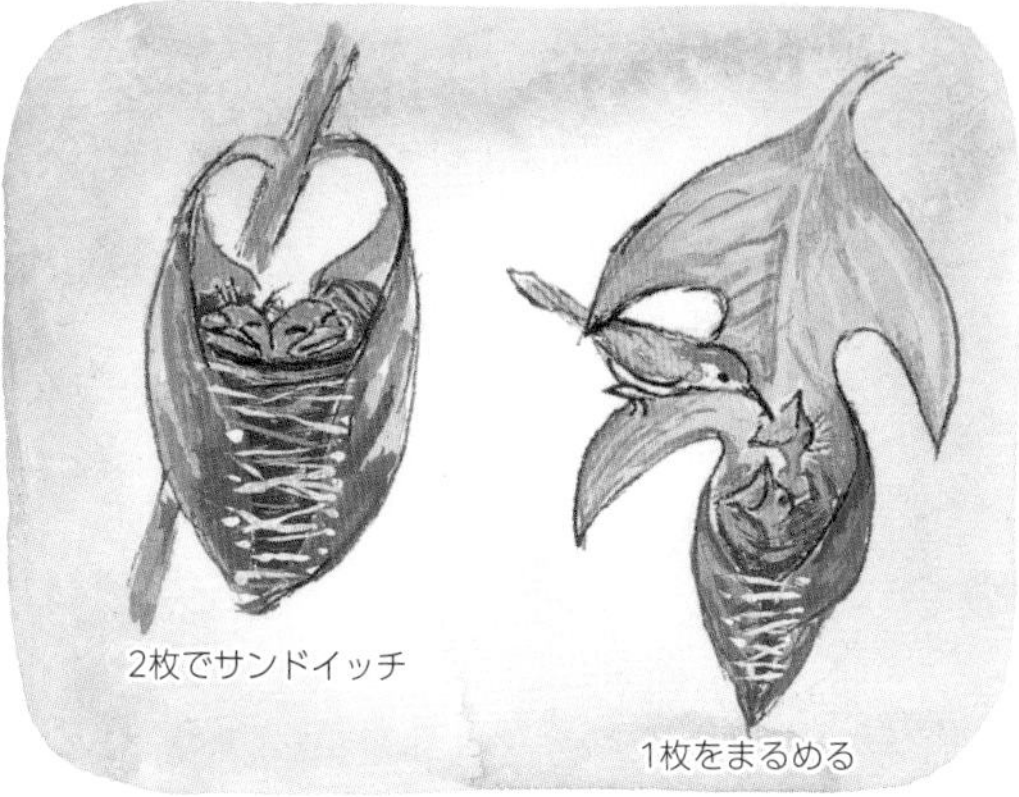
2枚でサンドイッチ
1枚をまるめる

サイホウスルカラ
サイホウチョウ

海外の裁縫する鳥

　東南アジアにもオナガサイホウチョウという鳥がいる。セッカと同様に裁縫を行う鳥がいる。こちらも、葉を縫って外側を囲い、その中に柔らかい巣材を入れ産座にする。大きな一枚の葉を丸めたり、二枚でサンドイッチにしたりすることもある。英語名はTailorbird、まさに仕立屋さんだ！　サルなどが多い地方のため、卵とヒナが見つからないよう、このような巣の形になったのだろう。

　しかし、セッカを含め、どうしてこういった技ができるようになったのかは、まだはっきりとわかっていない。が、なんにせよ巧みな巣だ。

くちばしの進化

話は戻るが、巣づくりにくちばしは欠かせない。食性の変化によるくちばしの変化は、巣づくり技術の向上とスズメ目の繁栄につながる重要なことなので書いておきたい。

恐竜は歯があった。小型恐竜から鳥へ進化していく過程で歯がなくなり、現在の鳥類に進化したわけだが、初期の段階の鳥であるカモなどの水鳥やワシなどの猛禽類は、魚や肉など食べていたのでくちばしも太かったり、長かったり様々だ。

ところが四千万年くらい前の中新世に、顕花植物と昆虫類が急速に進化を遂げたため、昆虫食、果実食、花蜜食などの新たなニッチが創出された。つまり、木の実や花が咲く植物が出現したのである。それらと並行して小さな虫も出てきたことで小鳥たちはそういうものを食べるようになり、くちばしは細く小さくなった。そしてセッカのように縫ったり、葉を差し込んだり、編んだりと巣づくり技術の向上につながり、多様な巣づくりが可能となり、スズメ目は爆発的な適応放散を遂げ、現在五千七百種以上にのぼる。

今までの研究では、スズメ目がこの時期に増えたことはわかっているが、なぜかはわかっていなかった。しかし、巣づくり技術の多様性が現在のスズメ目の繁栄をもたらしたのは間違いないと考える。

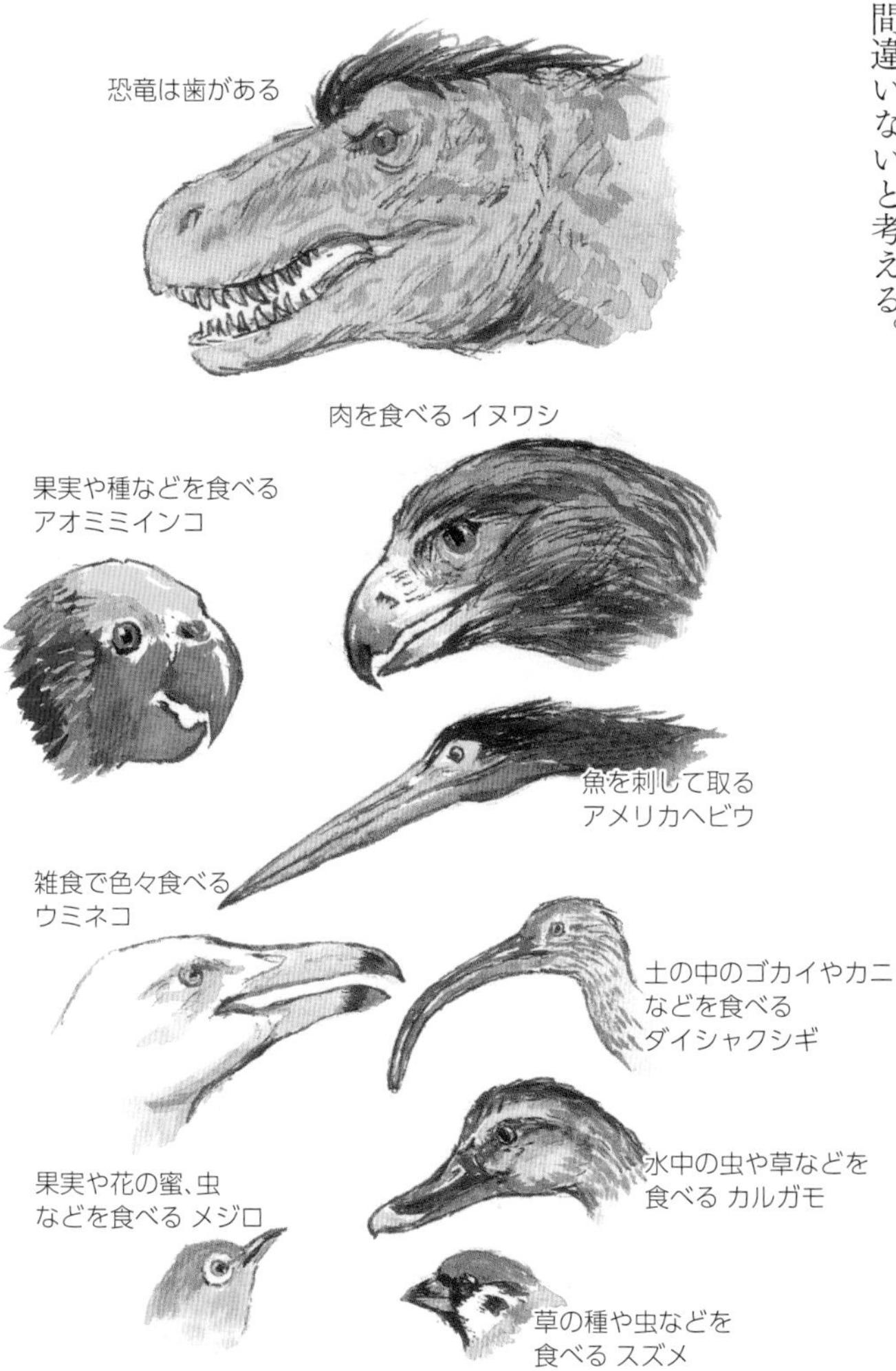
恐竜は歯がある
肉を食べる イヌワシ
果実や種などを食べる
アオミミインコ
魚を刺して取る
アメリカヘビウ
雑食で色々食べる
ウミネコ
土の中のゴカイやカニ
などを食べる
ダイシャクシギ
水中の虫や草などを
食べる カルガモ
果実や花の蜜、虫
などを食べる メジロ
草の種や虫などを
食べる スズメ

オオヨシキリ

学名 *Acrocephalus orientalis*

英名 *Oriental Reed Warbler*

分類 スズメ目ヨシキリ科
ヨシキリ属

全長 約19cm

巣の場所 水辺のヨシ原など

巣の材料 茎·イネ科の葉·枯草

特徴 北海道、沖縄以外の全国に夏鳥として飛来する。水辺のヨシ原や河口近くの湿原やササやぶで生息し、飛んでいる虫などを食べる。

実物大の卵

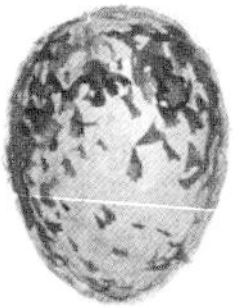

※長径約20mm×短径約15mm（個体差アリ）

まるで空中に浮いているような巣

　オオヨシキリはウグイスを少し大きくしたような鳥だ。セッカと同様、水辺の草原に巣をつくる。

　この巣はどんな工夫がしてあるかというと、名前にも含まれている水中から生えたヨシの茎数本に枯草を巻きつけ、地上一メートルほどの空中に椀型の巣が浮いているようにつくられているのだ。大雨などで水量が増しても濡れない場所かつ、外敵も近づきにくい場所につくられた巣はまことに理にかなった美しい形でほれぼれする。茎が椀型の巣に巻き込まれて固定されているため、風などが吹いても揺れることがなく、壊れることもない。

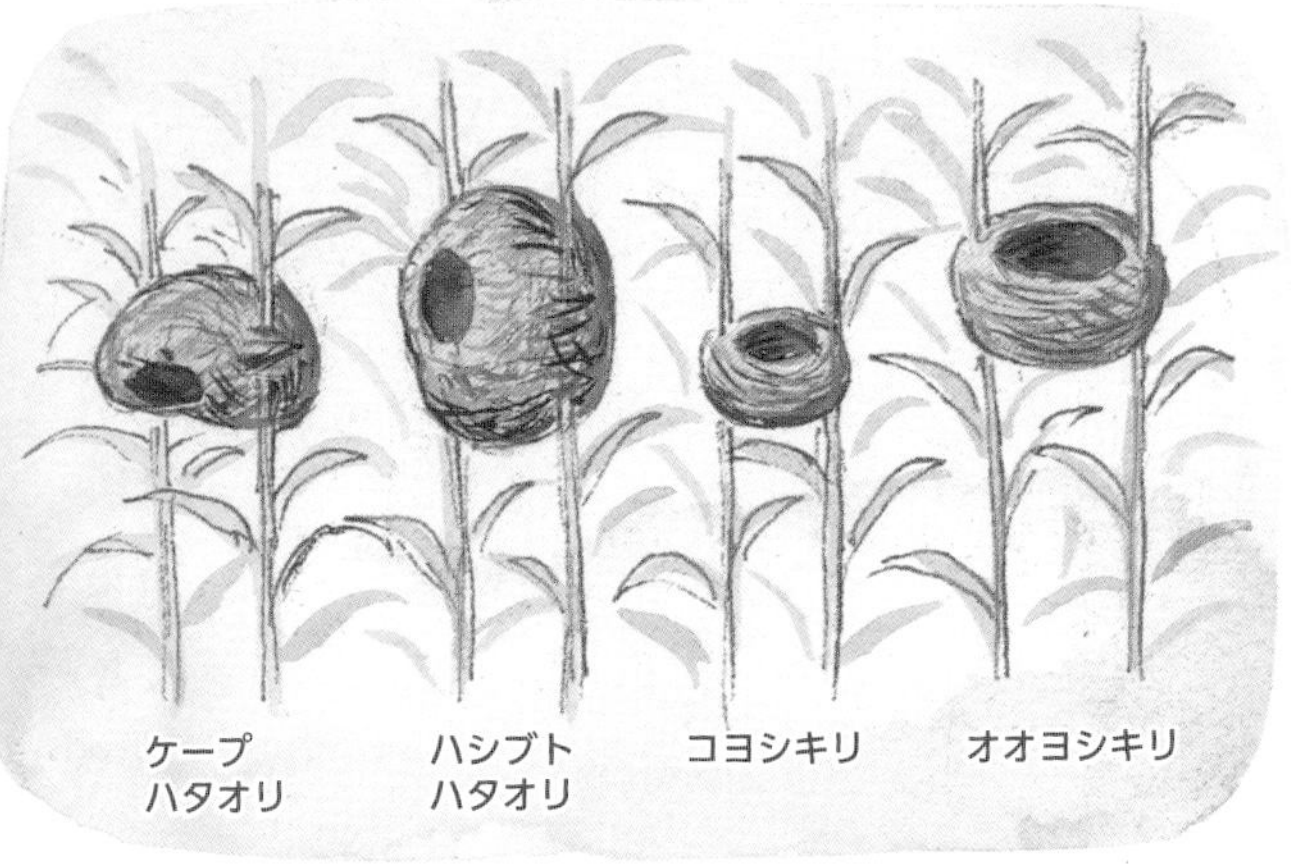

同じヨシキリ科に分類され、オオヨシキリと間違われることが多いコヨシキリ。江戸時代中期の『百千鳥《ももちどり》』ではオオヨシキリとコヨシキリの区別を「大音にさえずる」と「さえずり高し」としている。貝原益軒は『大和本草』の中でヨシキリ類を「ヨシハラ雀」といい、「麦が熟する時に『ギヨギヨシー』と鳴き、その声は喧《かまびす》しい」と記している。これは、秋に種をまいた小麦が収穫される初夏の繁殖期に鳴いているところだ。どちらも同じような形の巣だが、コヨシキリのほうが鳥本体の形が小さい分、巣も比例して小さく、並べると兄妹のようでかわいい。

　アフリカに住むハシブトハタオリも、オオヨシキリと同様に水辺に生えるパピルスなど

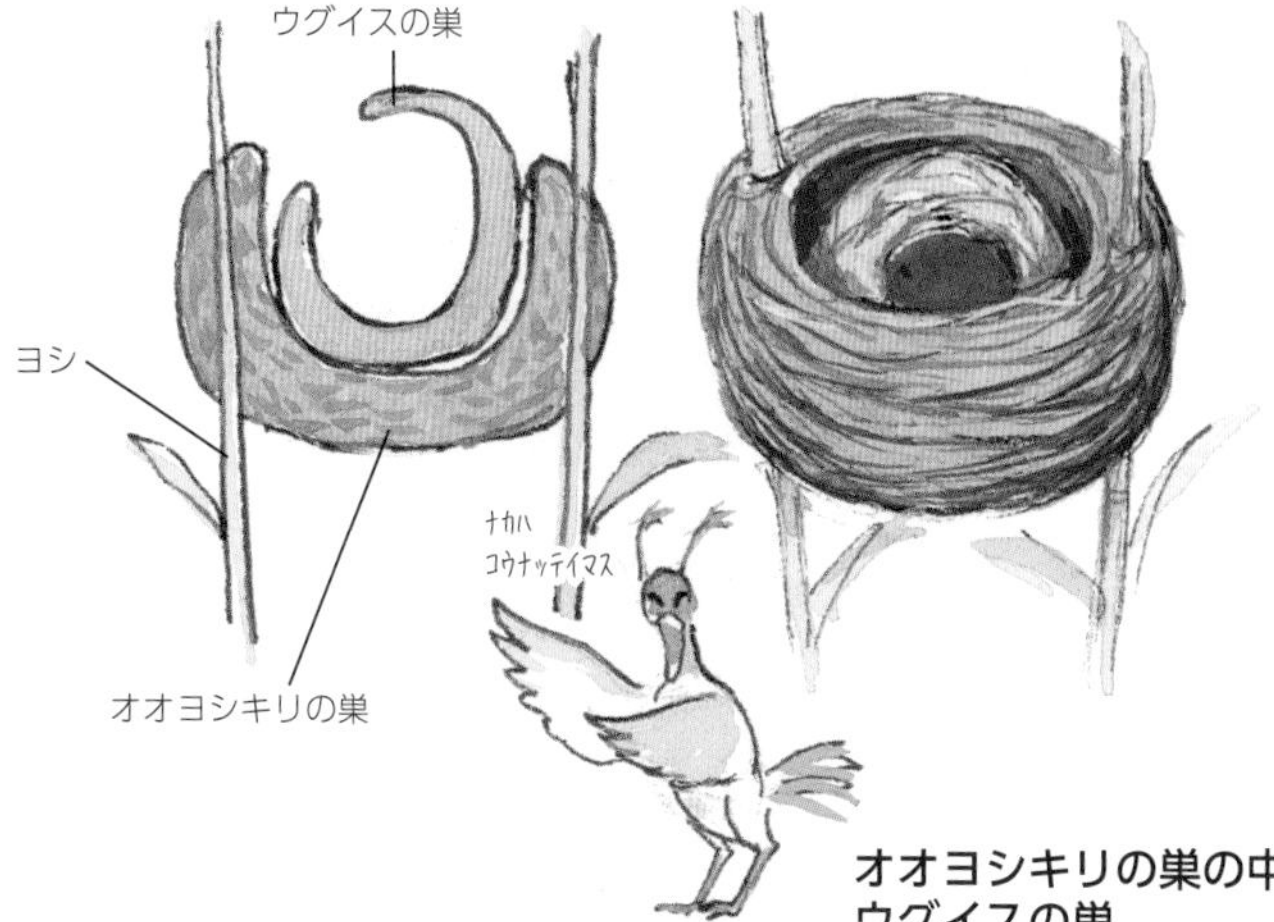

オオヨシキリの巣の中の
ウグイスの巣

の茎に巣を取りつけるか、ソラマメ型で何ともいえないユーモラスかつ美しいフォルムだ。

リノベーションされる巣

川岸のオオヨシキリの巣のすぐそばにウグイスの巣があった。これはお隣さんで仲良しということではなく、どちらかが巣立ったあと、近所につくったのだ。

翌年見に行くと、オオヨシキリの巣しかない。ウグイスはこれから巣づくりかとオオヨシキリの巣の中を確認すると、その巣の中にウグイスの巣がつくってあった。最近流行のリノベーションハウスである。

モズ

学名 *Lanius bucephalus*

英名 *Bull-headed Shrike*

分類 スズメ目モズ科モズ属

全長 約20cm

巣の場所 茂みの中など低い場所

巣の材料 樹皮・枯草・ツル・細い根など

特徴 一年中日本に住む留鳥だが、里山の山林などに住み、冬は暖地に移動する。くちばしが鋭く、昆虫やカエル、トカゲ、小鳥、小動物などを食べる。秋にキィーチキチキと鳴き、冬の縄張り宣言をする。

実物大の卵

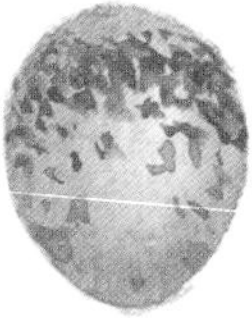

※長径約22mm×短径約17mm（個体差アリ）

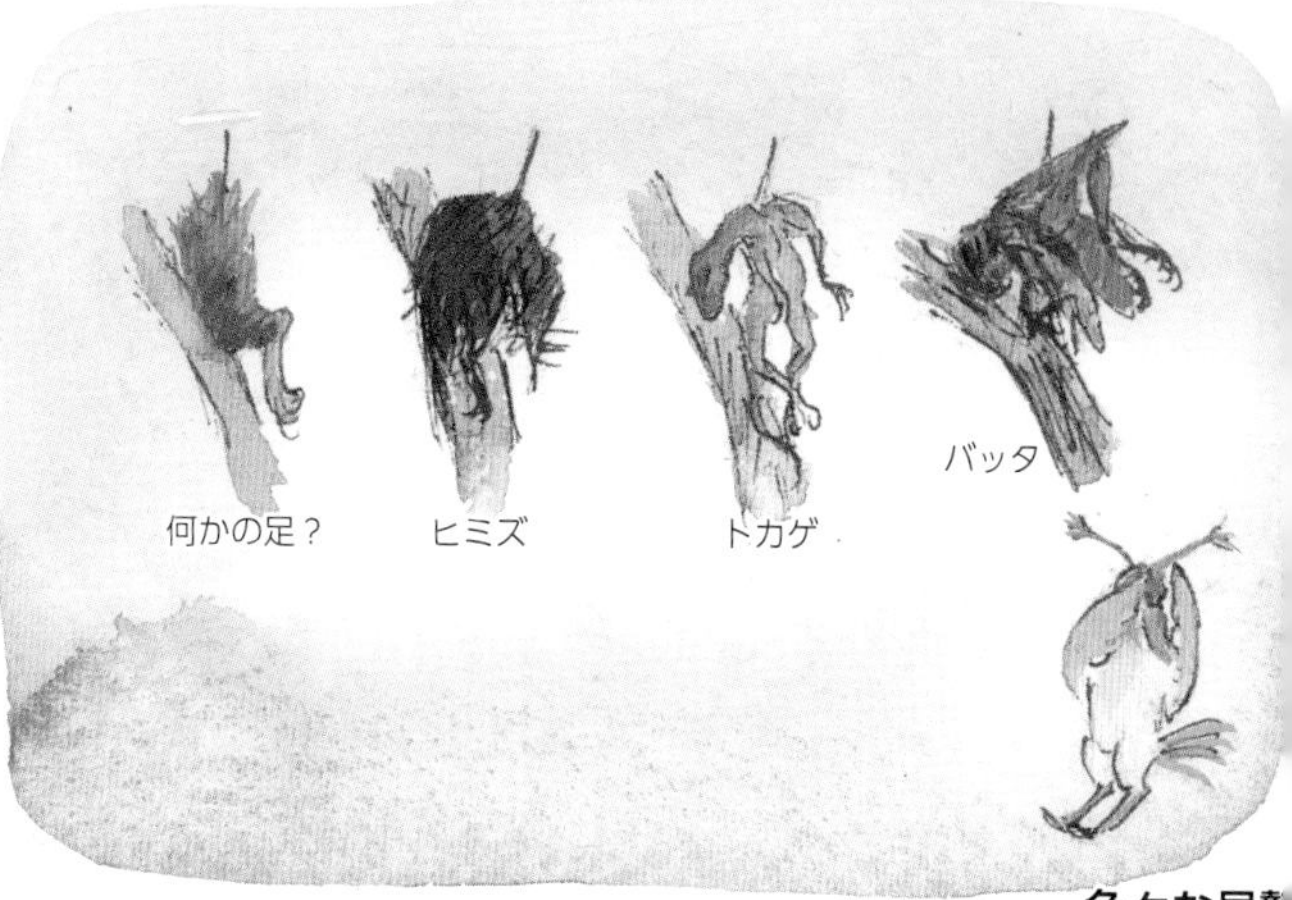

色々な早贄

モズの「早贄」

姿はヒヨドリより頭と体が丸い。秋に「キィーチキチキ」と鳴きながら木の枝や電線などにとまり、尾をまわすようにふるので、よく目立つ。鎌倉時代の「夫《ふ》木《ぼく》和《わ》歌《か》抄《しょう》」にもその様子が「散りぬべきはじの立枝の紅葉ばにもずのをふりのしたりがほなる」と詠まれている。

一見、丸い頭が寺の小坊主のようでかわいい。だが、食べ物が小動物や昆虫で肉食なので、くちばしは鋭く、ワシなど猛禽類のようにかぎ型に曲がっている。

「早贄」といって、取った獲物をとげのある木に刺しているものを見ることがある。アカネズミやヒミズ、カエル、カナヘビ、バッタなどの断片で、その鋭いくちばしで引きちぎったことがわかる。早贄には縄張りを宣言しているという「縄張り説」、食べ忘れた「食べ残し説」、くちばしは頑丈だが足が弱いので、固定してくちばしで引き裂く「固定説」、冬のエサ不足に備えた「貯食説」などがある。

万葉集にも詠まれたモズの巣づくり

巣の大きさはヒヨドリと同じくらいだが、もう少し巣材をち密に集め、つくりがしっかりしている。

以前採取した巣の一つは、薄く剥いだ杉皮が、とても丁寧に巣のふちに編み込まれていた。明らかに「形が壊れないように、この部分はこうしよう」という親の気持ちが感じられる。産座の丸みもヒヨドリに比べると深い。おなかで押しつけ、しっかり体が沈み込むようにしていることがわかる。

巣をつくる場所の高さも、ヒヨドリに比べると低く、もっと葉が密集したやぶの中だ。「春されば百舌鳥の草ぐき見えずとも吾は見やらむ君が辺りば」と万葉集に詠まれている「百

舌鳥の草ぐき」とは「モズが草の中に潜る」ことを意味しているのだが、実はモズは巣づくり繁殖のため茂みに入っているのだ。繁殖中の巣に近づくと「キィーキィー」と威嚇されることがある。

先述した枝や電線など目立つところで鳴くのを「高鳴き」という。冬場にエサを確保するための縄張り宣言である。秋の日、冬用に薪割りしていると、割った薪の中にカミキリムシの幼虫がいることがある。見つけやすい場所に置いておくと、モズがサッと降りてきて持っていく。

コジュケイ

学名 *Bambusicola thoracica*

英名 *Chinese Bamboo Partridge*

分類 キジ目キジ科コジュケイ属

全長 約27cm

巣の場所 茂みの中

巣の材料 枯葉

特徴 1919年中国から移入された外来種。草原や低い山、農耕地の茂みに住む。留鳥。種子、果実、昆虫、クモなど食べる。

実物大の卵

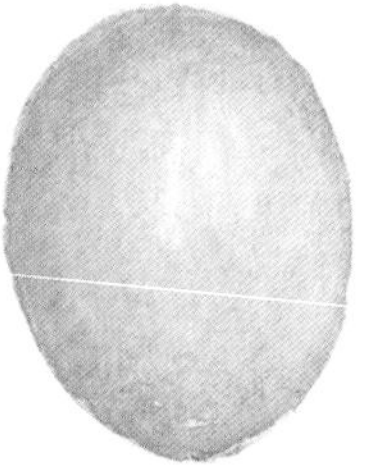

※長径約31mm×短径約25mm（個体差アリ）

小型恐竜の名残がある鳥

筆者が山の中を歩いていると、コジュケイが突然飛び出し、ドドドと走り出し、バタバタと低空飛行して逃げていく。一章で触れたように、小型の恐竜の中で、襲われないよう、茂みの中に巣をつくったものの中で、茂みを駆け下りたり、跳び上がったりしているうちに飛翔能力がついた「翼アシスト傾斜走行説」を実践している鳥だ。やぶの中を群れて走る姿は、本当に小型恐竜のようだ。

「チョットコーイ、チョットコーイ」と鳴くから行くと、逃げていく。それなら最初から呼ぶなといいたくなる。

コジュケイの孵化

早成性の鳥の巣

ある日、偶然やぶの中でコジュケイの巣を見つけた。枯葉を集め、体を押しつけただけの簡単な巣で、十五センチもない。卵の殻がなかったらわからなかっただろう。ちなみに、キジ科の鳥の巣はほぼこのような感じだ。

コジュケイをはじめとしたキジ科の鳥は早成性といって、孵化した時にはヒナは既に羽が生えていて、しばらくして体が乾けば、すぐ親について歩けるのだ。これを「離巣性《りそうせい》」という。孵化すれば、すぐ巣を出てしまうのでこのような簡易的な巣となっている。ヒナが出ていったあとの巣は周りの枯葉などと同化してしまい、どこに巣があったかわからな

アウロルニス
（ジュラ紀後期の恐竜）

コジュケイ

くなる。その場その場の環境で多少の違いはあるが、早成性の巣は、卵が転がらないように一か所に集めるためだけのものなのだ。

おそらく、小型恐竜も同じような巣だっただろう。時間が経つと崩れて、周りの地面と同化していき、わからなくなる。そのため、小型恐竜の巣の化石は大型恐竜と比較して見つかりづらく、恐竜から鳥への変化の解明がなかなか進まないのではないだろうか。しかし、その解明の糸口となりえるのが、これまで触れてきたように、今生きている鳥たちのつくる巣なのである。現在生きている鳥たちと絶滅した恐竜の関係は、巣の形で連綿と続き、密接につながっているのだ。

番外編 海外の鳥のすごい巣④

キムネコウヨウジャク

生息地 東南アジア、インド、マレーシア

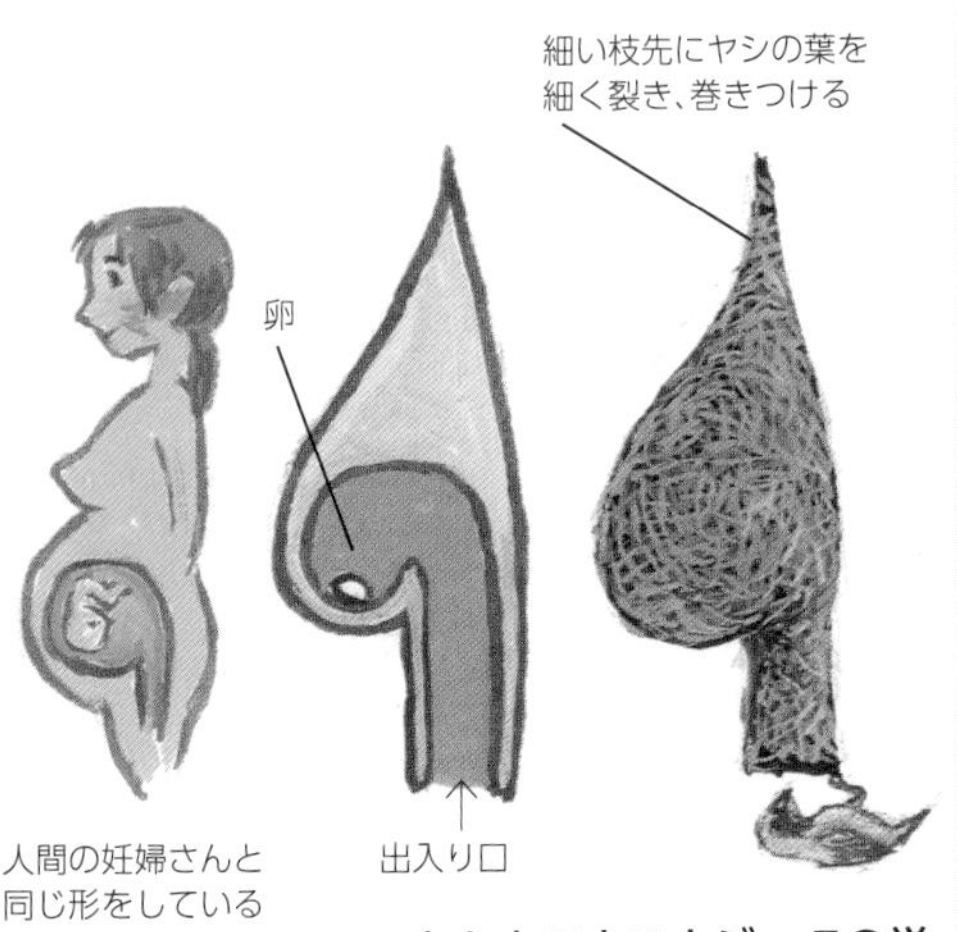
細い枝先にヤシの葉を細く裂き、巻きつける
卵
出入り口
人間の妊婦さんと同じ形をしている

キムネコウヨウジャクの巣

キムネコウヨウジャクの住む地域には木登りがうまいサルがたくさんいる。そこでサルが近づけない細い枝先に、細く裂いた葉を編んでカゴのような巣をつくる。

ぼさぼさした外装がなく、葉を編んで必要な形の部分だけでできているので、人間の妊婦さんのおなかの形に似ていることがわかる。そう、晩成性の鳥の巣とは未熟な生命が育つ子宮のようなものなのだ。カンガルーなど有袋類のおなかのポケットを安全な場所に取りつけたようなものともいえる。なんと生命は不思議なのだろう。

六章 水辺につくる すごい巣

カイツブリ

学名 *Tachybaptus ruficollis*

英名 *Little Grebe*

分類 カイツブリ目カイツブリ科カイツブリ属

全長 約27cm

巣の場所 水面上

巣の材料 ヨシなどの水草の茎や葉

特徴 ほぼ日本全土の池や川に住み、留鳥。魚類、昆虫、貝類などを食べる。

実物大の卵

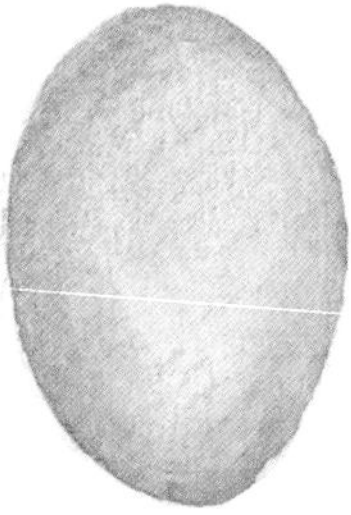

※長径約35mm×短径約24mm（個体差アリ）

発酵熱を利用した浮巣

敵が近づきにくいということで、水辺の草原に巣をつくる鳥もいる。確かに水深三十〜五十センチの水際は、足は濡れるし、枯れた茎が行く手を阻むし、歩きにくいことこの上ない。鳥は飛べるから気にしないが、他の生物は近寄らない。

カイツブリはクリンとした目がキュートな鳥で、水の上に巣をつくる。「にほ（カイツブリの古名）の浮巣」という夏の季語として歌に詠まれるなど、古くから親しまれてきた巣だ。『未木和歌抄』二十七巻には「辛崎や鳰の浮巣のいかにしてさすらひわたる世を頼むらん」（順徳院）など多くの歌に詠まれている。

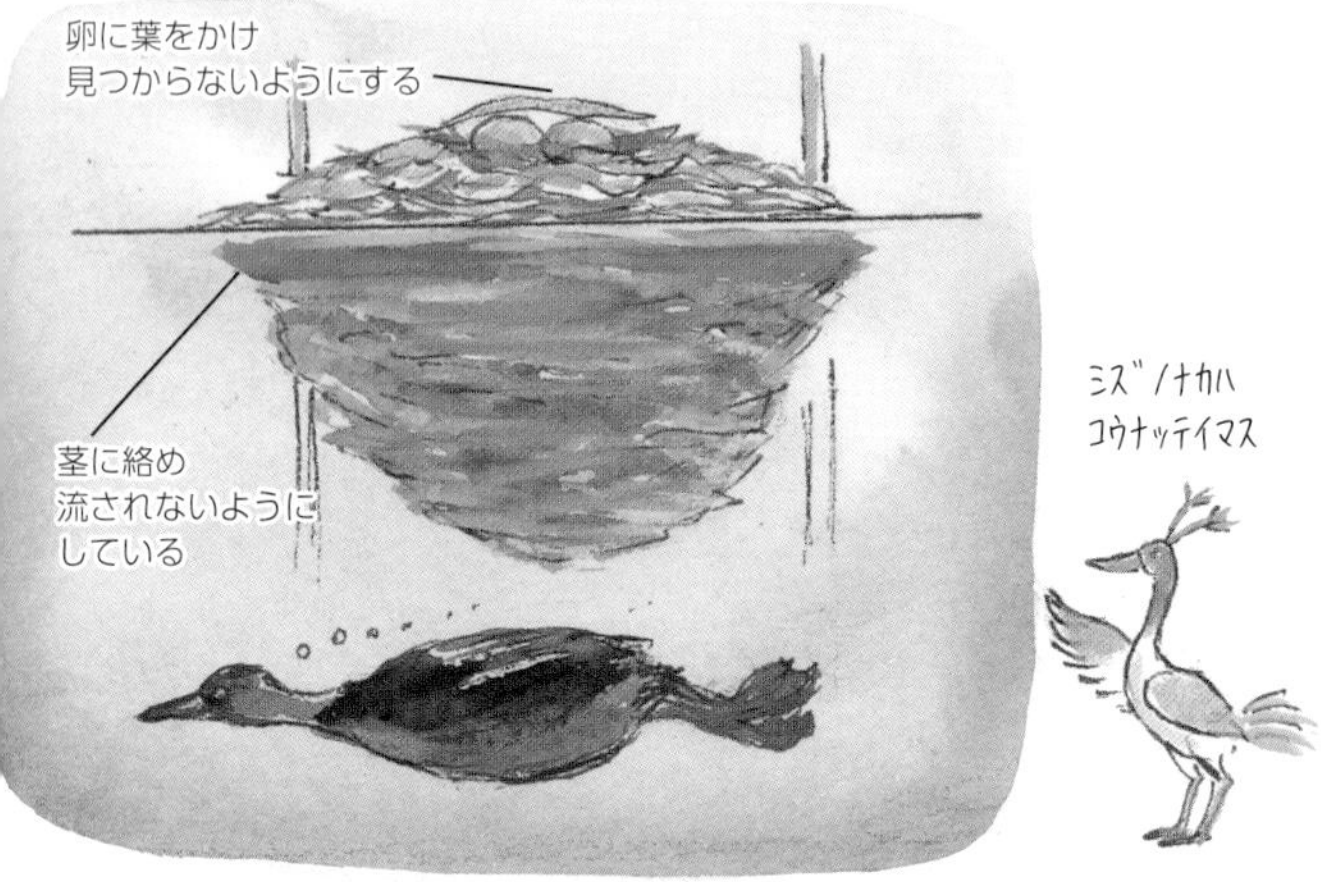
卵に葉をかけ
見つからないようにする
茎に絡め
流されないように
している
ミズノナカハ
コウナッテイマス

枯草などを大量に集めて、大半は水の中に沈んでいるが、水面に浮いて出ている部分を産座にして卵を産む。少しずつ沈んでしまうのか抱卵中も草を足している。ちなみに、これは生の葉を混ぜることで発酵熱が発生し、卵を温めることにもつながる行為だ。

水の流れのあるところだと、茎に絡めて流されないようにする。親が出かけるときは葉を卵の上にかぶせて見つからないようにしている。これはカラス対策だ。

ただ、最近の都会のカイツブリの巣は、人が捨てるペットボトルやビニールなどのゴミを使った巣になっていることが多く、哀れである。

卵から孵化したヒナは、イノシシの子供ウ

リボウに似た縞模様の迷彩模様だ。小魚・水生昆虫・エビ・貝類をエサにしているため、地域によっては年間を通して繁殖することもある。

ヒナは生まれてすぐ水に入って泳げるが、くたびれると親の背中によじ登り休む。また、危険が迫ったときにも親の背中の羽の中に隠れる。親の背中に乗るヒナの姿はなんともかわいい。

親鳥の健気な温度調整

親鳥が卵を温めるのは当然だが、熱くなりすぎてはゆで卵になってしまう。暑い日などは卵が熱くなりすぎないよう、カイツブリの親鳥が翼であおぐ姿を見たことがある。なんとも優しくかわいい姿であった。この親鳥の健気な温度調整はカイツブリに限らず、色々な鳥が行っている。

世界でも、アフリカの草原に住むトサカゲリは、寒い夜は卵を温めるが、四十度近くになる日中は自分の体で日差しを遮って卵が熱くならないようにする。ナイル川の暑い砂州に営巣するナイルチドリなどは砂をかけ、そこに水をまいて卵を冷やしている。熱帯地方のフタオビチドリは腹部の羽毛を濡らし、巣や卵を濡らし気化冷却で熱くなりすぎないようにしている。なんと健気な親鳥たちの行動だろう。

翼であおぐ カイツブリ

影をつくる トサカゲリ

砂に水をかける
ナイルチドリ

羽毛を水で濡らして卵を冷やす
フタオビチドリ

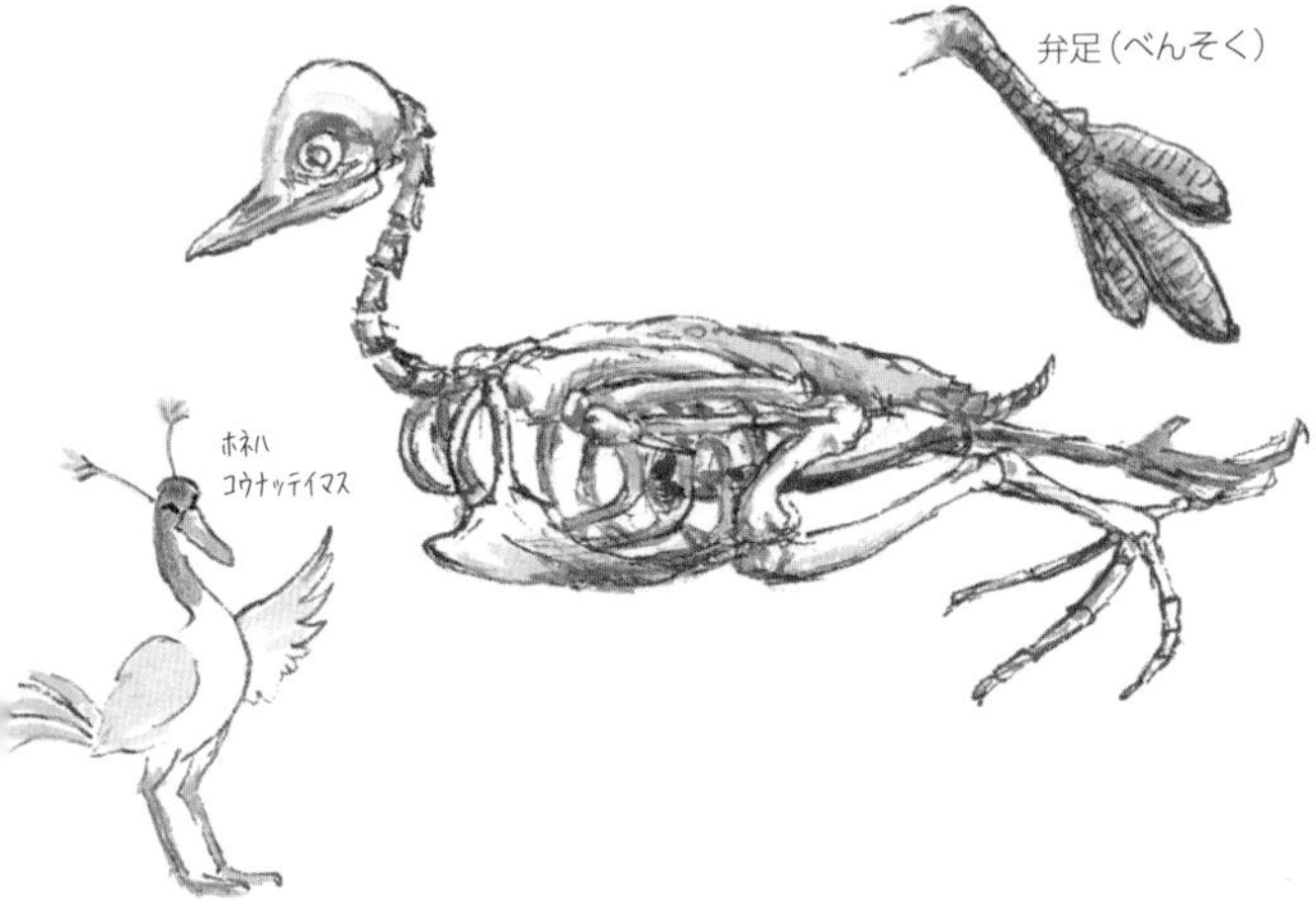

水の上に巣をつくる様々な鳥たち

カイツブリは水中を泳ぐのが上手な鳥だ。上の骨格を見てもわかるように足が体の後ろ側についているのに加え、「弁足《べんそく》」といって、足の指の皮膚が横に張り出し、水かきのようになっているため、推進力が大きいのだ。カモ類の水かき（蹼足《ぼくそく》）とは違う。カモ類よりさらに水の中で自由に動けるつくりになっているのだ。

だがその分、陸上を歩くには不向きで、巣の上でも「ヨイショヨイショ」と歩きづらそうにしているのをよく見かける。そのため、すぐ泳げるよう、水の上に巣をつくるようになっていったのだろう。水の上に巣をつくる

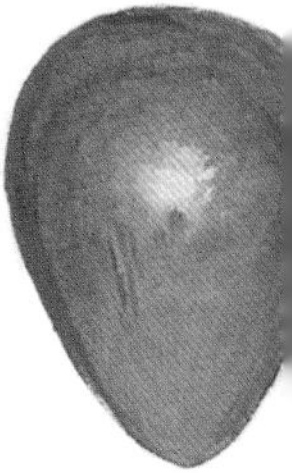

レンカクの卵
約33mm×25mm

レンカクの巣と卵

ことで外敵も巣に近づきにくくなる。

一方、弁足ではなく足の指が異常に長くなったことで、少しの浮草などの上を沈まないで歩ける鳥がレンカクの仲間だ。

レンカクも水の上に枯草を浮かせた巣をつくるが、体が細く軽いせいか、カイツブリのように多量な草は使わない。カイツブリは無地の白い卵を産むが、レンカクの卵は深みのある美しい色をしている。形も先がとんがって独特だ。水に浸っても卵の表面が油質で防水され、水をはじくようになっている。

同じ水の上だが、鳥により卵や巣も違う。多様な環境へ適応しつつ、それぞれの生きる場を見つけているわけだ。

カワガラス

学名 *Cinclus pallasii*

英名 *Brown Dipper*

分類 スズメ目カワガラス科
カワガラス属

全長 約20cm

巣の場所 滝の裏の石の隙間・橋げたの隙間など

巣の材料 コケ。産座には枯葉を集める

特徴 平地から山地の渓流に住み、留鳥。川にもぐって カワゲラ、トビケラなど水生昆虫や小魚などを食べる。

実物大の卵

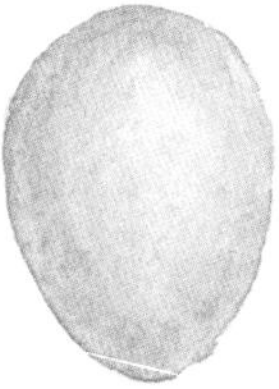

※長径約26mm×短径約20mm（個体差アリ）

カワガラスはカラスではない

カワガラスは主に渓流に住み、焦げ茶色で、ハトくらいの大きさだ。泳ぎがうまく、水に潜って水生昆虫を食べる。尾のつけ根から分泌される油脂をくちばしで体になすりつけることで、全身が油膜に覆われ、冷たい水の中でも平気なのだ。

カラスと名がつくが、いわゆる黒いカラスとは分類が違う。

ヘビやイタチが近づけないよう、滝の裏側などにコケを集めてドーム型にした巣をつくる。産座には水がしみ込まないように枯葉を何層にも敷き詰める。

まだまだ謎多きカワガラスの巣

我が家のあたりに滝はないのだが、川にかかる橋げたに巣を見つけた。壁も天井も厚さが十センチくらいある。滝の裏側より周りが広い分、形が大きくなったのだろう。その異様な形に鳥の巣の多様さを感じる。

コケなのでホワホワだが、どっしりしっかり床にくっついている。両手で思いきって

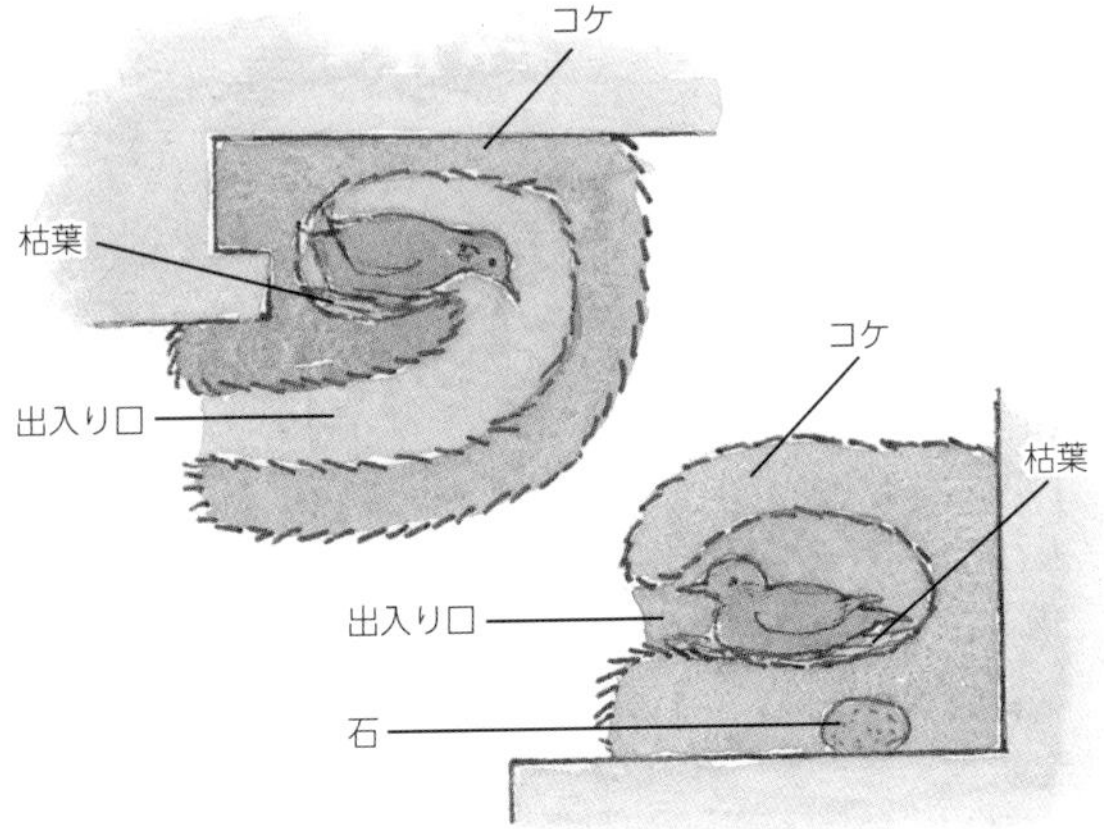

橋の裏のカワガラスの巣

引っ張ると、ゴソッと取れた。床部分を見ると、おにぎりくらいの石が中に組み込まれているではないか。橋げたの上にあるような石ではない。カワガラスが運んできて、落ちたりずれたりしないように基礎として置いたのだろうか？

　別の橋にあった巣は、橋げたのくぼみに引っかけるように固定して、一階部分がぶら下がるように入り口になっていた。コケだけで、どうしてこんな形がつくれるのだろう。空を飛べるということと重力の制限が少ないことにより、鳥の巣は人間の建築より自由度が高い気がする。

　東南アジアに生息するキムネコウヨウジャクは高い木の枝先に、細い葉を編んでカゴの

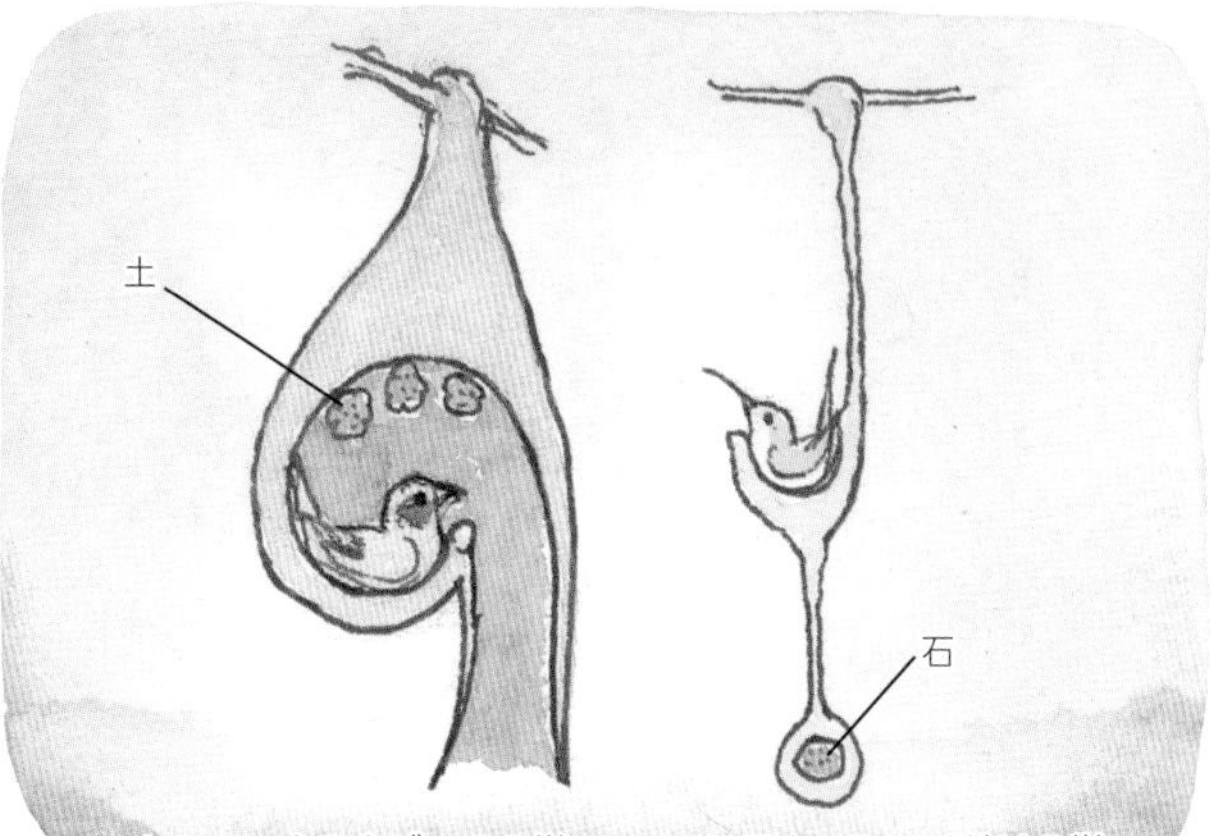

キムネコウヨウジャクの巣　コシアカユミハチドリの巣

ような巣をつくるが、中に土を団子状にしたものがついていることがある。風で巣が揺れないようにしているという説がある。南米のコシアカユミハチドリも細い枝にクモの巣の糸でぶら下がった巣をつくるが、風に揺れないよう、さらに小石をおもりのようにぶら下げる。このカワガラスの巣に組み込まれた石も同じような耐震設計的な役割をしているかどうかは謎である。

カルガモ

学名 *Anas zonorhyncha*

英名 *Eastern Spot-billed Duck*

分類 カモ目カモ科マガモ属

全長 約60cm

巣の場所 川のそばの茂みや草原、都会では公園の中など

巣の材料 枯草・羽など

特徴 ほぼ日本全土に住み、留鳥。川のそばに住み、雑食性。水底の植物の葉、茎、種子などを食べる。

実物大の卵

カルガモの実物大の卵は
P186へ

※長径約56mm×短径約39mm（個体差アリ）

カルガモ親子の行列

毎年、春にカルガモ親子の行列のニュースを見るのは微笑ましいことだ。カルガモは草むらや茂みの中に枯草や自分の羽を集めた平たい巣をつくる。大きさは大きなピザくらいある。十～十二個の卵を産み二十五日くらいで孵化する。

孵化したヒナは、はじめ濡れているが、しばらくすると羽も乾き、すぐ親について歩き、地面のエサを食べ成長する。

このように孵化するとすぐ巣から出て行ってしまうため、巣は雨や風で崩れたり散乱したりして、二～三日程度で周囲の地面とわからなくなってしまう。

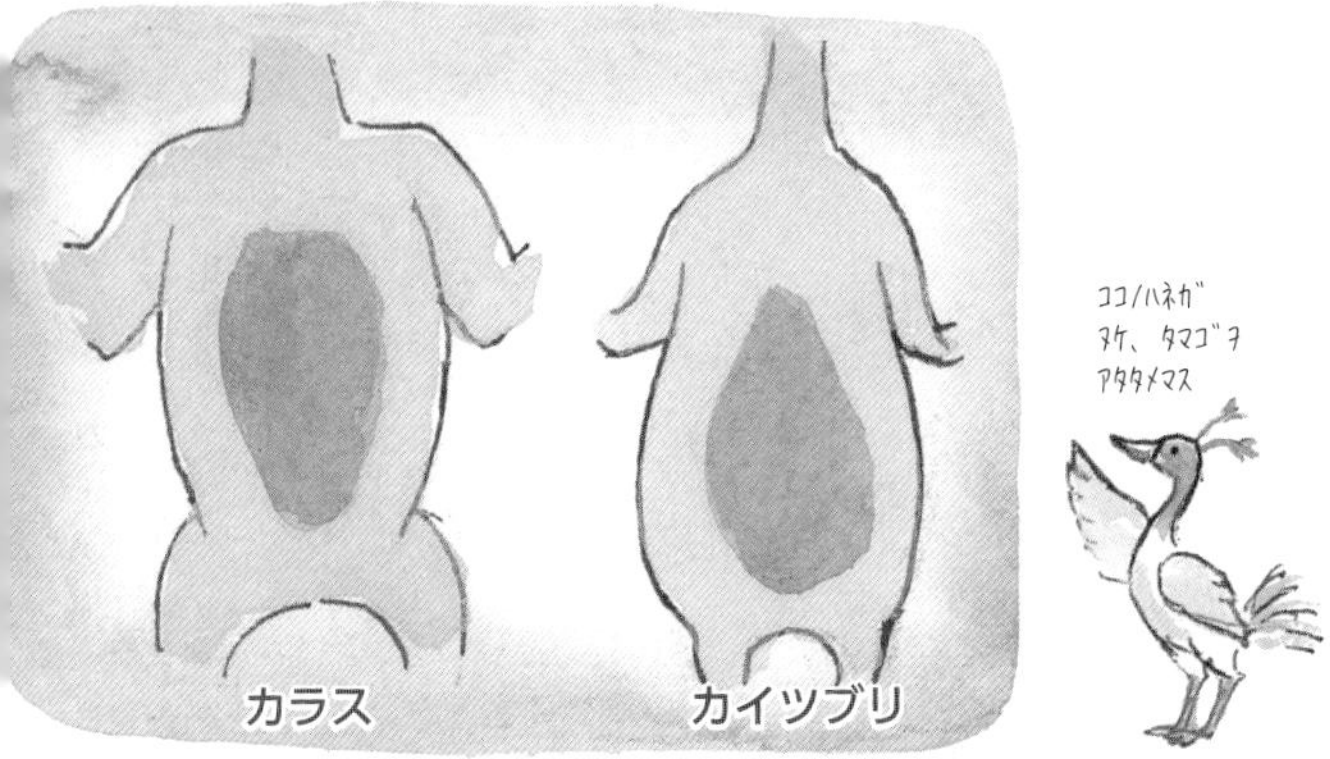
カラス
カイツブリ
ココノハネガ
ヌケ、タマゴヲ
アタタメマス

抱卵時、羽毛が抜ける場所

巣材に自分の羽を使う

カルガモは自分の羽を抜いて巣材にする。卵とヒナを温めるために自分の羽毛が抜けるようになっているのだ。

この、メスが産卵の時期になると、腹部の羽毛が抜ける場所を「抱卵斑《ほうらんはん》」という。腹部の羽毛が抜けることによって、親鳥の体温が直接卵に伝わりやすくなり、しっかり温めることができるようになっているのだ。

鳥の巣の展覧会で羽毛や羊の毛でできた鳥の巣を展示すると、そういった巣材だから温かいのだろうと考える人がいる。だが正確には羽毛や羊の毛自体は熱を発するわけではなく、外の冷気を伝えない役割を果たしている

ベーリング海、チェコト海の
海岸・ツンドラで繁殖する

ミカドガンの巣と卵

のだ。だからあくまでも卵を温めるのは親鳥の体温＝愛なのである。マガンなどのシベリアや北欧、さらに北の地で繁殖する種は、寒い分、冷気をしっかりと遮断しようと、さらにたくさんの羽を使う。ほわほわで大きなピザくらいあり、見るからに防寒力の高い巣だ。

早成性と晩成性

コジュケイなどの項目でも少し触れたが、せっかくなので「早成性」と「晩成性」について、ここでしっかり触れていきたい。

カルガモのように、卵から孵化した時にはヒナの羽が既に生えていて、羽が乾けば、すぐ親について歩くことができる鳥を「早成性」という。早成性の卵は大きくて黄身の量が多く栄養豊かなので、卵の中で羽が生えるまで育ってから生まれてくるのだ。普段よく食べているニワトリの卵やヒヨコを想像すると、イメージがつきやすいかもしれない。

その一方で、いわゆるスズメ目など、小鳥の仲間は「晩成性」である。卵も小さく、黄身も少量なので、ヒナは全身羽も生えていない丸裸な状態かつ、目も薄黒く膨らんでいる未熟な姿で生まれてくる。

ここだけ見ると、早成性のほうが有利に思える。だが、そうではないところが生命の不思議なところというか、鳥の巣の神秘性につながってくる部分なのだ。

前述の一見かわいく行列するカルガモだが、そのあと飛べるようになるまで三か月くらいかかるため、その間にヘビやイタチなどに襲われたり、エサを見つけられなかったりで、三か月後には三〜五羽くらいになってしまう。さらにその後も、繁殖できるまで成長できる個体は限られてくる。そのため、一回の産卵で十〜十四個も卵を産むわけだ。これは鳥に限らず魚でもカエルでも、一度にたくさんの卵を産むということは、それだけ食べられる恐れがあり、卵が産めるようになるまで成長できる個体が少ないということだ。

一方、晩成性のヒナはというと、本書で記したように安全な巣の中で両親にエサをもらいフンの世話をしてもらい育つ。そのため未熟な状態で生まれるが、二週間ほどで全身に羽が生え、つぶらな瞳の幼鳥となり巣立っていくのだ。基本的に晩成性の鳥は卵が一定数になってから温め始めるので、個体ごとの成長段階に差異がなく、早く生まれたヒナがたくさん食べ、あとから生まれたヒナが食べられないなどということがない。

加えて、早成性は歩いてエサを探す必要から、後肢に栄養が行くのに対し、晩成性のヒナは親が適切にエサを運んでくれるので、飛翔筋など前肢、飛ぶための翼の成長に栄養が配分される。脳も早成性の鳥よりも大きくなり、採食行動や生きていく上で必要な技術を習得できるようになるそうだ。

現在、世界中に約九千種以上の鳥がいるとされているが、早成性は約二千種なのに対して、晩成性は七千種以上いる。明らかに晩成性の子育てのほうがメリットがあるのだろう。この晩成性の子育てを支えるのが巣なのである。

未熟な形で生まれる晩成性のヒナだが、安全な空間である鳥の巣で成長できることによって、スズメ目などの小鳥たちが繁栄することにつながっているのだ。晩成性の鳥の巣はカンガルーなど有袋類のおなかの袋や、人間の子宮と同じ役割をしているものなのである。

早成性のヒナ

孵化した時、既に羽が生えていて
すぐ歩くことができる

晩成性のヒナ

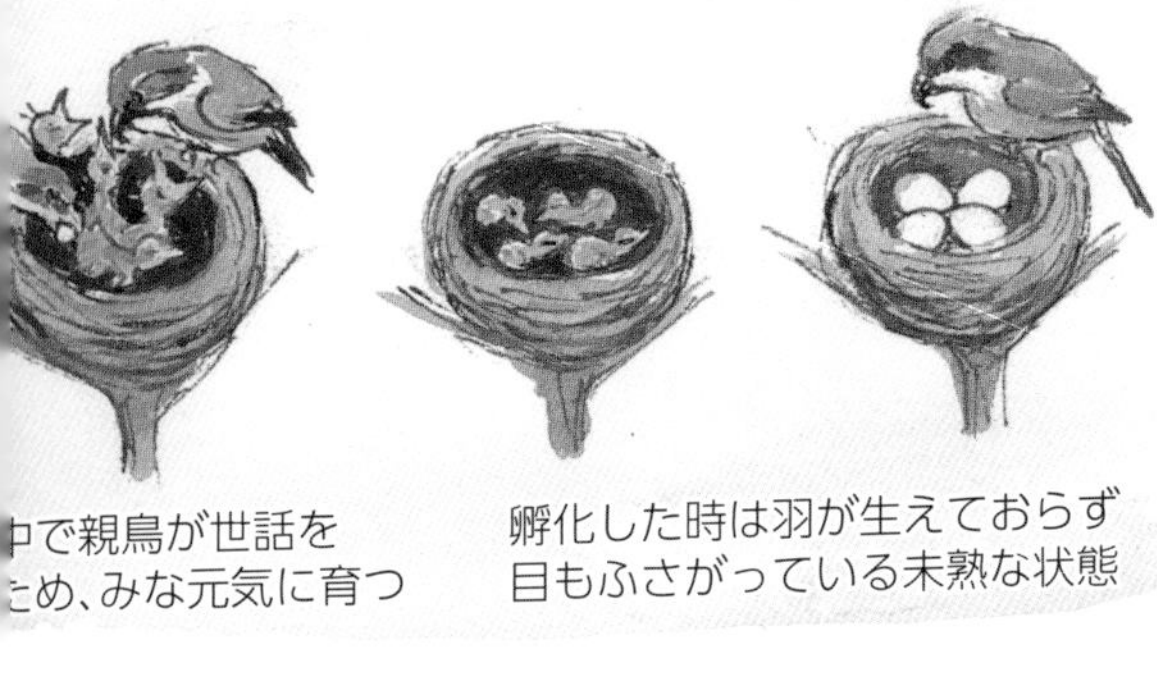

孵化した時は羽が生えておらず
目もふさがっている未熟な状態

中で親鳥が世話を
ため、みな元気に育つ

襲われたり、エサが取れなかったりして多くが死んでしま

もちろん襲われることもある
羽ばたく筋肉が
巣立てる

オオハクチョウ

学名 *Cygnus cygnus*

英名 *Whooper Swan*

分類 カモ目カモ科ハクチョウ属

全長 約140cm

巣の場所 水辺のそば

巣の材料 茎・葉・根・コケなど

特徴 ユーラシア大陸北部などで生息し、冬に北海道から本州へ飛来する冬鳥。水生植物の葉や茎、昆虫や貝類なども食べる。生後約４年で成鳥になる。

実物大の卵

オオハクチョウの
実物大の卵はP186へ

※長径約109mm×短径約72mm（個体差アリ）

草を放り投げてつくる巣

冬鳥として日本で越冬するオオハクチョウ。白い優美な姿に対して、巣づくりは意外とパワフルである。周囲を回りながら中央に枯草を放り投げて積み上げていく。英語ではこの動作をBackward-throwing（後ろ投げ）・Steam-shovel method（パワーショベル方式）という。ある程度山になると中央部分に産卵する。大きなものでは直径三メートル、高さ七十センチになることもある。

巣の場所と鳥の進化の関係性

P10で述べた、小型恐竜が空を飛ぶように

水上走行説

なる説の「翼アシスト傾斜走行説」が、Ｐ１５０のコジュケイであるなら、次の「地上走行説」の典型が、このオオハクチョウといえるだろう。地上を走りながら羽ばたき、飛翔力をつけた鳥たちだ。

住んでいる川や湖などの水辺に巣をつくり、卵から孵化後、すぐ水に入り安全な水上で暮らす。成鳥になり翼がしっかりすると、水面を走りながら羽ばたき、空に飛んでいく。冬の早朝、大群で飛び立つハクチョウの姿を見た人も多いだろう。

川や湖などは風が吹くことが多く、水も蒸発するから空気の流れができ飛び立ちやすいのだ。ゆえに、正確には「地上走行説」ではなく「水上走行説」だと筆者は考える。

「地上走行説」に反論する学者の根拠として、ダチョウのように走るのが速くなると足の筋肉が相当量つき重くなり飛べなくなる、というものがある。ではハクチョウはどうだろう。

前述のように水面を走り、羽ばたいて飛び立っているではない

か、水面に広く摩擦抵抗が少なく、風の力を利用して飛び立てるのだ。「樹上滑空説」も、巣がある高い木の上は上昇気流が吹いている。その風に乗り滑空していた始祖鳥などの中で羽ばたく筋肉をつけたものがワシなどになっていったのだろう。

ところが今まで鳥の巣という観点がないことで、いかにして小型恐竜が飛べるようになっていったのか百年以上論争が続いている。それはそうだろう。ワシが走りながら飛び立ったり、キジやハクチョウが高い木の上から飛び下りたりして、今のような姿になるのは、あまりに不自然だ。

だが、それぞれの説に「茂みの中の巣」「水辺の巣」「樹上の巣」という前提が加われば、不思議ではなくなるのではないだろうか。

卵を守るため、それぞれに適した場所に巣をつくり、そこで孵化した。そして、より安全な場所へ移動する必要から、それぞれ羽ばたき始め飛翔筋が発達したことで、多様な鳥類世界をつくっていったのではないだろうか。

コチドリ

学名 *Charadrius dubius*

英名 *Little Ringed Plover*

分類 チドリ目チドリ科チドリ属

全長 約16cm

巣の場所 川のそばなど

巣の材料 小石·砂など

特徴 川、湖、池など水辺のそばに生息し、昆虫、ミミズなどを食べる。

実物大の卵

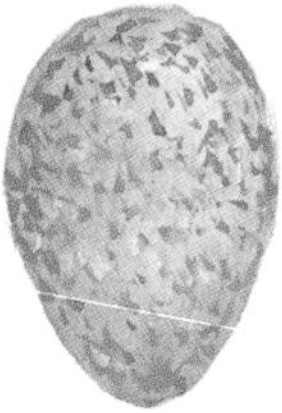

※長径約28mm×短径約20mm（個体差アリ）

巣づくりするコチドリ

庭園のような巣

コチドリは目の周りの黄色いアイリングが目立つ、日本最小のチドリ科の鳥である。ちなみに、チドリの特徴的なジグザグに走ったり、急に立ち止まったりする移動方法になぞらえて、裁縫で糸を互いに交差させることを「千鳥掛《ちどりがけ》」、千鳥掛で縫うことを「千鳥縫《ちどりぬ》い」という。お酒に酔ってふらふら歩くのを「千《ち》鳥足《どりあし》」というのは身にしみてご存じの方が多いだろう。

コチドリの巣は小石を集めただけの巣だが、よく見るととてもきれいにできている。白い石やグレーの石、枯草なども混ざっている。まるで京都の石庭のような巣だ。転がってい

かないよう、外敵に見つからないよう、小さな米粒くらいの石をくちばしで、一つ一つ自分の周りに集めて置いていく姿はなんともかわいらしい。

コチドリの巣に詰まった工夫

簡素な巣に見えるが、コチドリにとっては意味のある巣だ。それは、卵とヒナの模様が関係している。

卵やヒナだけを単独で見ると別に何でもないのだが、巣のそばにいると途端に見えなくなる。まさに、だまし絵のような配色だ。卵の形も先端がとがって中心を向くので、四つの卵がぴったりひとまとまりになることや、巣に外敵が接近し親が警戒の鳴き声をあげると、ヒナはじっと動かなくなるため、さらに見つかりづらい。

奈良時代から、コチドリ、イカルチドリ、シロチドリは「ちどり」という総称で知られている。「万葉集」には〝ちどり〟を詠んだ歌が二十首以上あるというが残念ながら巣が詠まれているのをいまだ見ていない。これはチドリ類の巣が目立たないからだろう。先述したように、巣も卵も、他の鳥の巣と同様に、とても見つかりにくいのだ。さすがの万葉の歌人たちも、巣にある卵やじっとしているヒナに気づくことはなかったのだろう。昆虫の擬態も不思議だが、鳥の卵とヒナの迷彩模様も不思議としかいいようがない。

石を集めただけの巣だから、めんどうくさがりだとか、頭が悪いのではない。コチドリが住むこの環境では、回りながら小石を集めるということが一番安心できる空間になるから小石を集めた巣になるのだ。

おわりに

本書を通じて、色々な鳥の巣を見てきた。しかし、これはまだ日本の一部の鳥の巣でしかない。

日本で繁殖する鳥は約二五十種。世界には九千種以上の鳥が、巣をつくって子育てをしている。日本は比較的気候も温暖で肉食動物も少ない。海外に行くと気温四十度以上、夜はマイナス十度以下という過酷な環境もあるし、木の上の枝から枝を飛び回るようなサルや、肉食の動物、爬虫類など、卵とヒナを襲う生物は数知れない。そんな中で卵とヒナを守るためにつくられる工夫された鳥の巣の数々は驚嘆ものだ。

それらの紹介はまた別の機会に譲るとして、今回この本で大事なことは何かというと、鳥は誰にも教わらず、それぞれの鳥の巣をつくっているということだ。親に教わるわけでも、学校で指導されるわけでも、本で読んだ知識なわけでもない。ある時期になると、自然に体が動き出し、南の国へ向かったり、巣材集めを始めたり、異性を求めて行動を始めるのだ。生きようとする本能の力が鳥の巣をつくらせるのだ。何が流行っているからとか、高く売って金を儲けようとか、そんな雑念は微塵《みじん》もない。めんどうくさいから他の人にやらせるということもない。何日間もの時間をかけた、これから生まれる卵とヒナの安全のための純粋無垢な行動なのだ。そんな力は同じ生命体として人間も持っている力なのだ。

今まで見てきたように、多様な環境に適応して暮らしているため、鳥によって居心地の良い場所も形も違い、巣の形は色々になる。そのような鳥の巣を人の世界に当てはめると、それぞれの職業にあたるのだと思う。人それぞれの個性や体質などから、それぞれにあった仕事を職業にしているのだ。パン屋さん、医者、建築家、教師、スポーツ選手、音楽家、営業職、事務職、店員さん……

鳥が多様な環境に適応して、それぞれの巣をつくるように、人それぞれ生きる場も違うし、やることも違って当然だ。そして、それぞれやっていることが、生命を育てることにつながっているのだ。

鳥は自由に空を飛び、自らが巣をつくる場所に飛んでいく。

あなたにも同じ生命体として、そんな力があるはずだ。

あなたの居心地の良い巣は、あなたにしか見つけられないし、あなたにしか創れない。さあ、鳥のように自由に生きよう。

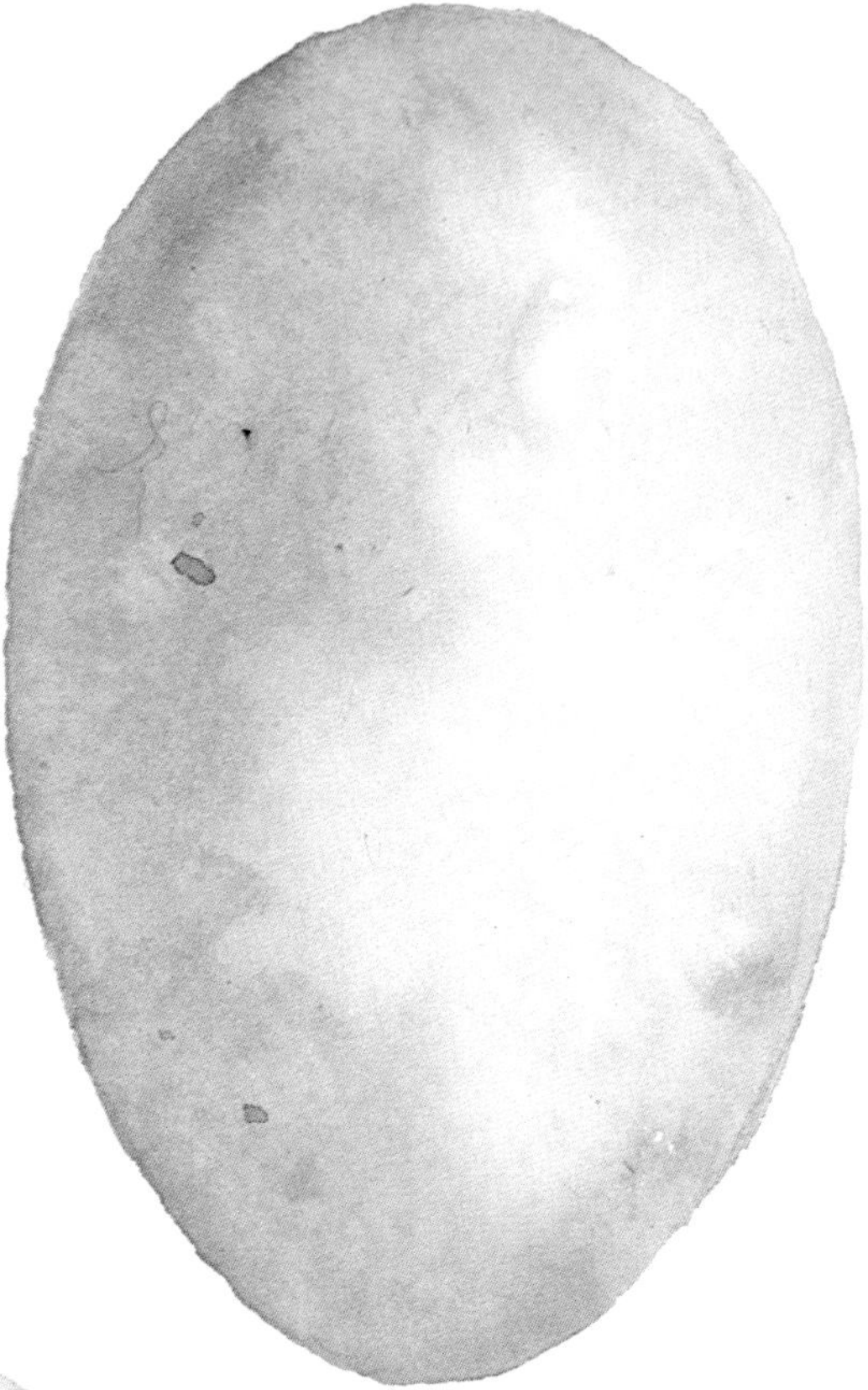

オオハクチョウ
（約109×72mm）

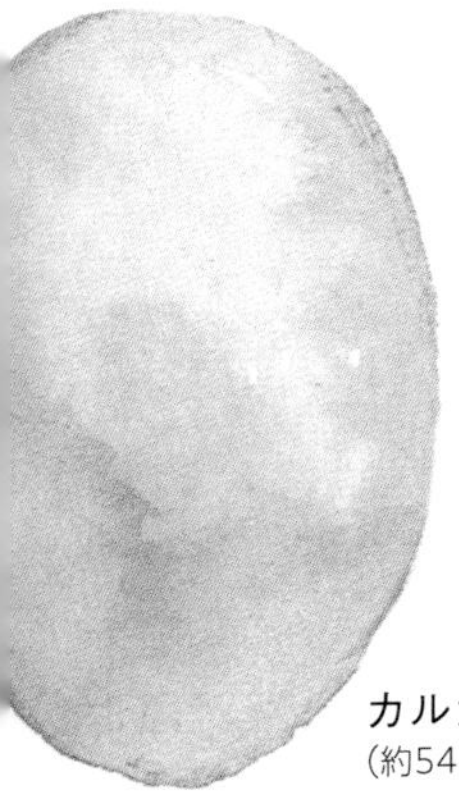

カルガモ
（約54×39mm）

卵の形状

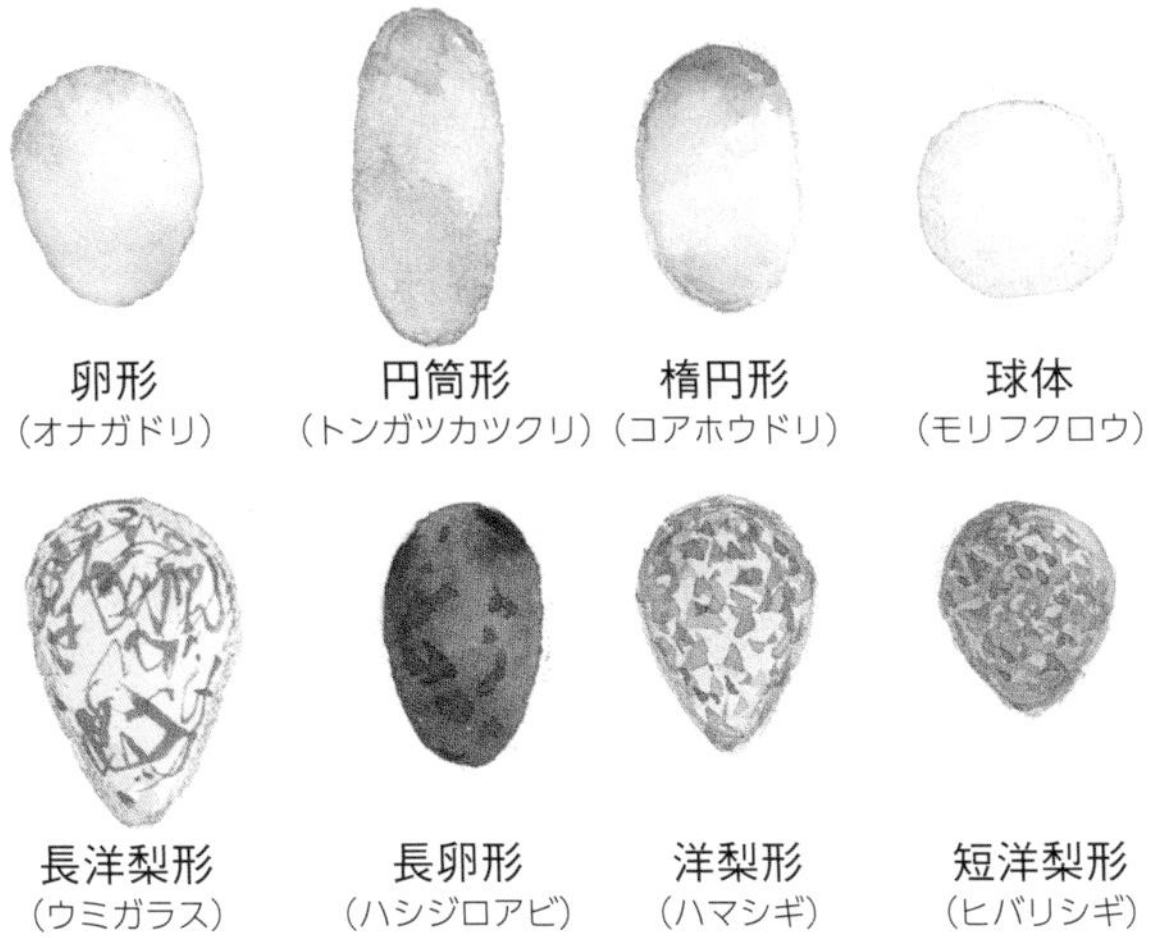
卵形
（オナガドリ）
円筒形
（トンガツカツクリ）
楕円形
（コアホウドリ）
球体
（モリフクロウ）
長洋梨形
（ウミガラス）
長卵形
（ハシジロアビ）
洋梨形
（ハマシギ）
短洋梨形
（ヒバリシギ）

卵の模様

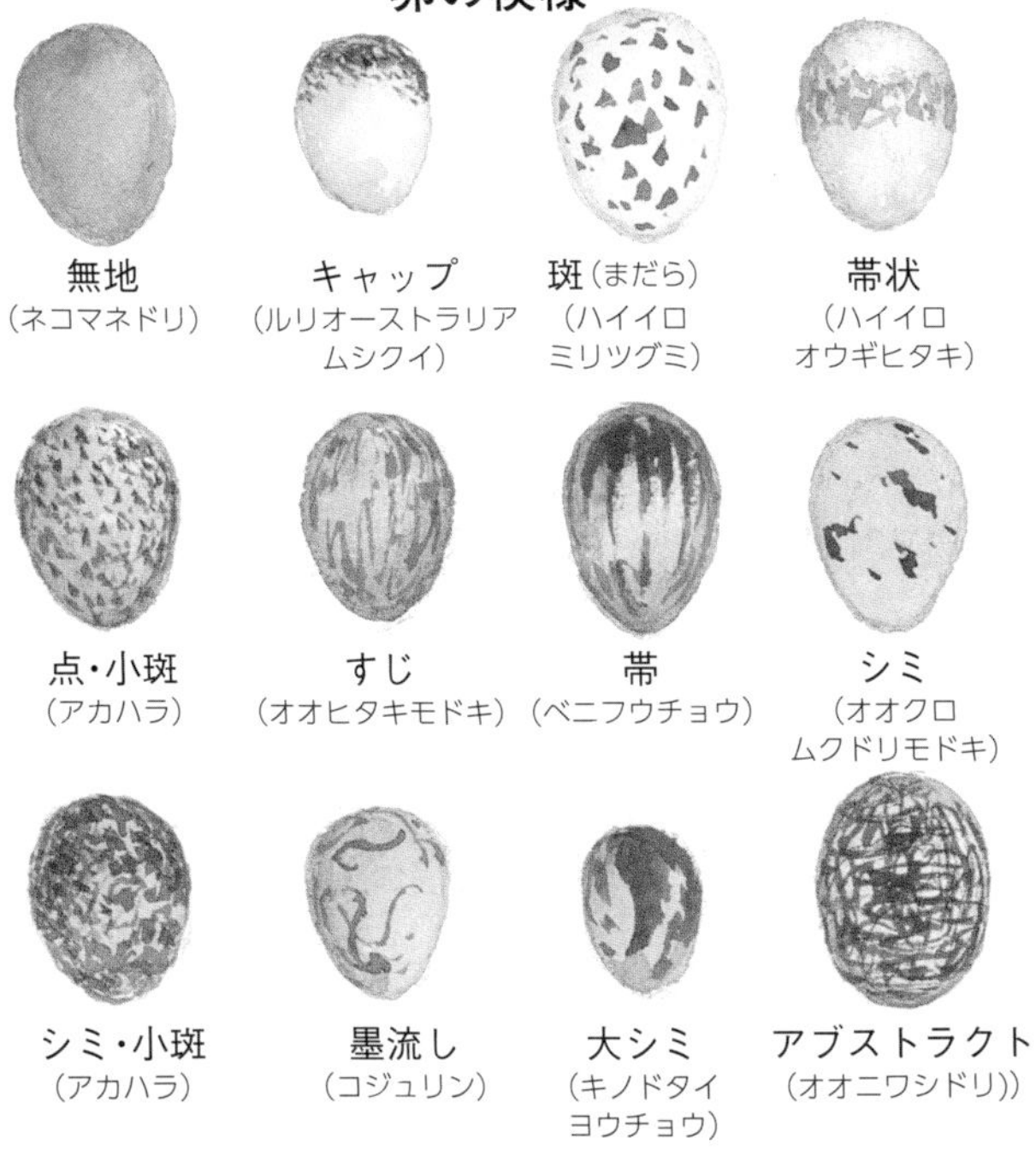
無地
（ネコマネドリ）
キャップ
（ルリオーストラリアムシクイ）
斑（まだら）
（ハイイロミリツグミ）
帯状
（ハイイロオウギヒタキ）
点・小斑
（アカハラ）
すじ
（オオヒタキモドキ）
帯
（ベニフウチョウ）
シミ
（オオクロムクドリモドキ）
シミ・小斑
（アカハラ）
墨流し
（コジュリン）
大シミ
（キノドタイヨウチョウ）
アブストラクト
（オオニワシドリ））

索引

【参考文献】

『原色日本野鳥生態図鑑』（陸鳥編・水鳥編）中村登流・中村雅彦著（保育社、１９９５年）
『野鳥のくらし』水野仲彦著（保育社、１９９６年）
『日本の野鳥　巣と卵図鑑』小海途銀次郎著、林良博監修（世界文化社、２０１１年）
『日本産鳥類の卵と巣』内田博著（まつやま書房、２０１９年）
『世界６５５種鳥と卵と巣の大図鑑』吉村卓三著、林良博監修、鈴木まもる絵（ブックマン社、２０１４年）
『鳥類学』フランク・B・ギル著（新樹社、２００９年）
『世界の鳥　行動の秘密』ロバート＝バートン著（旺文社、１９８５年）
『いろいろたまご図鑑』ポプラ社編（ポプラ社、２００５年）
『たまごのふしぎ』吉村卓三著（オデッセウス、２０００年）
『エナガの群れ社会』中村登流著（信濃毎日新聞社、１９９１年）
『図解自然観察シリーズ　鳥』（山の鳥・水辺の鳥）狩野康比古監修（学研、１９７７年）
『日本鳥類大図鑑』清棲幸保著（講談社、１９６５年）
『朝日百科　動物たちの地球　鳥類』（朝日新聞社、１９９１年）
『江戸鳥類大図鑑』堀田正敦著、鈴木道男編（平凡社、２００６年）
『図説日本鳥名由来辞典』菅原浩・柿澤亨三著（柏書房、１９９３年）
『鳥の骨格標本図鑑』川上和人著、中村 利和写真（文一総合出版、２０１９年）
『季寄せ』（上・下）山本健吉編（文芸春秋、１９７３年）
『ビジュアル博物館　猛禽類』ジマイマ・バリー＝ジョーンズ著（同朋社、１９９８年）
『山渓ハンディ図鑑　日本の野鳥』叶内拓哉・安部直哉著（山と渓谷社、１９９８年）
『鳥類』山階芳麿・タイム社ライフ編集部・ロジャー・ピーターソン著（タイムライフインターナショナル、１９６９年）
『北シベリア鳥類図鑑』Ａ・Ｖ・クレマチル著（文一総合出版、１９９６年）
『HANDBOOK OF THE BIRDS OF THE WORLD Vol 14』
David A. Christie・Andrew Elliott・Josep del Hoyo 編（Lynx Edicions、２００９年）
『Nests,Eggs,and Nestlings of North American Birds』Paul J .Baicich・Colin J.O. Harrison 著（ACADEMIC PRESS、１９９７年）

イースト新書Q

Q090

身近《みぢか》な鳥《とり》のすごい巣《す》

鈴木《すずき》まもる

2023年5月10日　初版第1刷発行
2024年1月16日　　　第2刷発行

発行人　永田和泉
発行所　株式会社イースト・プレス
東京都千代田区神田神保町2-4-7
久月神田ビル　〒101-0051
Tel.03-5213-4700　fax.03-5213-4701
https://www.eastpress.co.jp/
ブックデザイン　福田和雄（FUKUDA DESIGN）
校正　株式会社鷗来堂
印刷所　中央精版印刷株式会社

ISBN978-4-7816-8090-3